Gutjahr | Die Süßwasserfische Mitteleuropas

Axel Gutjahr

Die Süßwasserfische Mitteleuropas

Merkmale, Verbreitung und Lebensweise der häufigsten Arten

Quelle & Meyer Verlag Wiebelsheim

Die Angaben in diesem Buch sind vom Autor und dem Verlag sorgfältig erwogen und geprüft, dennoch kann keine Garantie übernommen werden. Eine Haftung des Autors bzw. des Verlags und seiner Beauftragten für Personen-, Sach- und Vermögensschäden ist ausgeschlossen.

Bibliografische Information der Deutschen Nationalbibliothek
Die Deutsche Nationalbibliothek verzeichnet diese Publikation in der Deutschen Nationalbibliografie; detaillierte bibliografische Daten sind im Internet über http://dnb.d-nb.de abrufbar.

www.quelle-meyer.de

Umschlagabbildungen: Gutjahr, C. (v. o.), Hartl, A. (restliche Bilder)
Druck und Verarbeitung: Belvédère Print & Packaging bv
Printed in Europe/Imprimé en Europe
ISBN 978-3-494-01852-2

Inhalt

Beobachtungen aus der Vogelperspektive

Jeder von uns kennt derartige Situationen: Man steht an einem Gewässer und plötzlich ziehen ein paar Fische durchs Wasser, die man nur in der Draufsicht wahrnehmen kann. Abgesehen davon, dass wir nur die Rücken und nicht die gesamten Körper der Fische zu Gesicht bekommen, bleibt uns beim Betrachten aus der Vogelperspektive noch vieles andere in der betreffenden Unterwasserwelt verborgen.

Blick aus der Vogelperspektive in ein Gewässer.

Dieses Buch möchte Sie zu einer Reise durch die einheimischen Gewässer einladen. Dabei lernen Sie die Fische als Lebewesen mit einem äußerst faszinierenden Körperbau und beeindruckenden Verhaltensweisen kennen. Basierend auf ihrem langen evolutionären Alter haben sich die Fische nicht nur mit ihren Körperformen hervorragend an den Lebensraum „Wasser" angepasst, sondern auch eine Vielzahl unterschiedlicher Jagd- und Vermehrungsstrategien entwickelt. Gleichzeitig ist es den einzelnen Arten hervorragend gelungen, nahezu sämtliche ökologischen Nischen in den Gewässern zu besetzen. So lässt sich oftmals schon anhand der Stellung des Mauls vorhersagen, in welchen Bereichen sich die jeweilige Art bevorzugt aufhält. Beispielsweise ist eine nach oben gerichtete Maulspalte fast immer ein Indiz für eine stark oberflächenorientierte Lebensweise, während Fische mit einem waagerechtstehenden Maul bevorzugt die mittleren Wasserbereiche besiedeln. Dagegen halten sich Arten mit einem unterständigen Maul zumeist am Grund des Gewässers auf, wo sie auch vorwiegend Nahrung suchen. Des Öfteren sind bei diesen Arten fadenähnliche, fleischige Auswüchse am Maul vorhanden, die man als Barteln bezeichnet. Diese fungieren vorwiegend als Tastorgane, auf denen sich außerdem zahlreiche Geschmacksknospen befinden.

Bei den Barteln, hier am Maul eines Welses, *Silurus glanis*, handelt es sich um fadenähnliche, fleischige Auswüchse mit Tast- und Geschmacksfunktionen.

Seit fast einer halben Milliarde Jahren

In Form gemeinsamer Vorfahren beschritten Rundmäuler, Cyclostomata, und Fische, Pisces, ursprünglich einen gemeinsamen evolutionären Weg. Dieser endete vor rund 500 Millionen Jahren. Zu diesem Zeitpunkt kam es zur Aufspaltung in diese beiden Tiergruppen, wobei die Vertreter der gegenwärtigen Rundmäuler einen Entwicklungsstand aufweisen, der noch sehr an ihre fossilen Vorfahren erinnert. Aus rein evolutionärer Sicht befinden sich die Rundmäuler auf einem absterbenden Ast, denn inzwischen werden sie nur noch durch rund 130 Arten repräsentiert. Diese unterteilen sich wiederum in die Ordnung der Neunaugen, Petromyzontiformes, und die Familie der Stachelaale, Mastacembelidae, wobei letztere zur Ordnung der Kiemenschlitzaalartigen, Synbranchiformes, gehören.

Die Populärbezeichnung „Neunaugen“ ist ein wenig irritierend, denn diese Individuen besitzen – wie alle Wirbeltiere – nur zwei Augen. Diese Bezeichnung basiert auf den als Reihe angeordneten Kiemenspalten, deren rundliche Öffnungen an Augen erinnern. Typisch für die Neunaugen ist außerdem der aalähnliche Körper, an dem sich ein Saum aus Rücken- und Schwanzflosse befindet.

Neunaugen besitzen keine Kiefer, sondern ein rundes Saugmaul, in dem zahlreiche spitze Hornzähne vorhanden sind. Mit Ausnahme der Bachneunaugen saugen sie sich an Beutetieren fest. Abschließend raspeln sie mit den Zähnen kleine Fleischstücke heraus und/oder saugen gleichzeitig das Blut ihrer Opfer.

Bei den Neunaugen handelt es sich um sehr ursprüngliche Wirbeltiere.

Bei den Strahlenflossern, hier eine Äsche (*Thymallus thymallus*), handelt es sich um evolutionäre Erfolgsmodelle.

Im Gegensatz zu den Rundmäulern verzeichnen die Fische gegenwärtig eine wesentlich größere Artenbreite. So sind zurzeit 33.000 Fischarten bekannt, welche damit etwa 60% aller auf der Erde lebenden Wirbeltiere repräsentieren.

Die Fische werden in Knochen-, Osteichthyes, und Knorpelfische, Chondrichthyes, unterteilt. Zu letzteren gehören die Haie, Selachii, Rochen, Batoidea, sowie die auch als Chimären bezeichneten Seekatzen, Chimaeriformes.

Die Knochenfische untergliedern sich in die Fleischflosser, Sarcopterygii, mit den Quastenflossern, Coelacanthiformes, und den Lungenfischen, Dipnoi, sowie in die Strahlenflosser, Actinopterygii. Letztere stellen das Gros aller Fische dar, zu denen auch sämtliche europäischen Süßwasserfische gehören. Gleichzeitig handelt es sich bei den Strahlenflossern um evolutionäre Erfolgsmodelle, denn im Vergleich zu den Knorpelfischen und Fleischflossern gelang es ihnen, mit deutlich mehr Arten die mannigfaltigsten Biotope zu besiedeln. Beispielsweise sind Strahlenflosser-Vertreter in der Tiefsee genauso zu Hause wie in Hochgebirgsgewässern, die sich bis 4500 m über dem Meeresspiegel befinden. Sogar lebensfeindlich anmutende Biotope, wie etwa Quellen, in denen die Wassertemperaturen über 40 °C betragen, werden von einigen Arten dauerhaft bewohnt.

Die unterschiedlichen „Süßwasser-Reiche“

Ganz allgemein lassen sich die „Süßwasser-Reiche“ in fließende und stehende Gewässer untergliedern, welche natürlichen und künstlichen Ursprungs sein können. Zu den natürlichen Fließgewässern gehören Bäche, Flüsse und Ströme. Tendenziell streben alle Fließgewässer zum Meer hin, wo sie in der Brackwasserzone (Bereich, in dem sich Süß- und Salzwasser vermischen) enden.

Das Meer, temporärer Lebensraum einiger Süßwasser-Fischarten

Bachlauf im Wald

Stark zugewucherter Wiesenbach

Ruhig strömender Fluss

Bei diesem Kanal handelt es sich um ein künstlich angelegtes Fließgewässer. Allerdings hat dieser Abschnitt des (Mittelland-)Kanals inzwischen schon ein sehr naturnahes Aussehen entwickelt.

Waldsee im Frühling

Künstlich angelegte Teiche zur intensiven Fischhaltung

In diesem Karpfenaufzuchtteich wurde das Wasser zeitweilig abgelassen.

Auch in diesem Wasserspeicher einer Gemeinde wurden Fische für angelsportliche Zwecke ausgesetzt.

Schon seit alters her werden viele Schlösser von Teichen umgeben, die ebenfalls Fischen als Lebensraum dienen.

Diese vor Jahrzehnten stillgelegte Kiesgrube hat sich zu einem Feuchtbiotop entwickelt, in dem auch Fische leben.

Totarm eines Flusses, hier konkret der Saale

Bei Talsperren handelt es sich um sehr große, künstlich angelegte, stehende Gewässer.

Diese ehemalige Tagebaulandschaft in Sachsen-Anhalt wurde vor mehr als 20 Jahren geflutet und hat sich inzwischen zu einem fischreichen See etabliert.

Beginnend mit dem aus einer Quelle entspringenden Wasser wird oftmals in Abhängigkeit von dem Fließgefälle, der Strömungsgeschwindigkeit, der Fließgewässerbreite und der Wassertemperatur zwischen der Salmoniden- und der Cyprinidenregion unterschieden. Die Salmonidenregion beginnt mit der sogenannten Forellenregion, die allmählich in die Äschenregion übergeht. An diese schließen sich die Barben- und die Bleiregion als Abschnitte der Cyprinidenregion an. Letztere mündet in den Brackwasserbereich, zu dessen charakteristischen Bewohnern unter anderem der sehr anpassungsfähige und robuste Kaulbarsch, *Gymnocephalus cernua*, zählt.

Kaulbarsche sind auch oft im Brackwasser anzutreffen.

Bei den vorwiegend geradlinig durch die Landschaft verlaufenden Kanälen handelt es sich um künstlich angelegte Fließgewässer. Allerdings können sich im Laufe der Zeit in einem Kanal naturähnliche Verhältnisse entwickeln, während diese bei natürlichen Gewässern auch verloren gehen können, wenn beispielsweise Teile eines Bachbettes betoniert werden. Im Normalfall ziehen Fließgewässer nicht gerade durch die Landschaft, sondern in Form einer mehr oder weniger unregelmäßigen Schlängellinie. Derartige Flussschlingen werden auch als Mäander bezeichnet. In der unmittelbaren Umgebung der Flüsse befinden sich oft sogenannte Alt- oder Totarme. Bei diesen handelt es sich um ehemalige Flussbereiche, die auf künstlichem Weg, wie etwa durch eine Stauanlage, oder auf natürliche Weise, beispielsweise durch eine Sandbank, dauerhaft abgetrennt wurden. Die Umweltbedingungen in solchen Altarmen ähneln zumeist weitgehend denen in einem stehenden Gewässer. Deshalb etablieren sich in Laufe der Jahre (Jahrzehnte) darin fast immer Fischgesellschaften, die für stehende Gewässer typisch sind.

Bei den stehenden Gewässern unterscheidet man zwischen den natürlich entstandenen Seen, Weihern und Tümpeln sowie den künstlich geschaffenen Teichen und Talsperren. Im weiteren Sinne kann man auch an Flüsse grenzende Grünflächen, wie Wiesen und Weiden, die zeitweilig überschwemmt werden, als Standgewässer ansehen. Sie fungieren für manche Arten, wie etwa den Hecht, *Esox lucius*, oft als willkommene Biotope zum Ablaichen.

Ähnlich wie diese Überschwemmungsflächen führen auch manche Tümpel nicht dauerhaft Wasser, sondern fallen vor allem während der wärmeren Jahreszeit gelegentlich trocken.

Teiche werden oftmals durch das Anstauen eines Bachs geschaffen und sind zur Regulierung der Höhe ihres Wasserspiegels mit einem Abfluss, beispielsweise in Form eines Mönchs, ausgestattet. Ein Großteil der Teiche fungiert als Wirtschaftsgewässer, in denen ein derartig umfangreicher Fischbesatz (zumeist Karpfen, *Cyprinus carpio*, Schleien, *Tinca tinca*, oder Regenbogenforellen, *Oncorhynchus mykiss*) gehalten wird, dass eine regelmäßige Zufütterung erforderlich ist.

Hechte beim Ablaichen in einem Überschwemmungsbereich.

Ein wenig Chemie und Physik

Der wichtigste abiotische Umweltbestandteil, der das Wohlbefinden, die Gesundheit sowie die Frohwüchsigkeit der Fische beeinflusst, ist logischerweise das Wasser mit seinen chemisch-physikalischen Parametern. Hierbei ist der pH-Wert an erster Stelle zu nennen, bei dem es sich um den negativen dekadischen Logarithmus der Wasserstoffionenkonzentration handelt. Bei einem pH-Wert von 7,0 ist das Wasser neutral. Sinkt der pH-Wert unter 7,0, erhält das Wasser einen zunehmend sauren Charakter. Steigt er dagegen über 7,0, nimmt der alkalische Charakter zu. Die meisten Fische fühlen sich in einem pH-Wert-Milieu von 6,0–8,0 am wohlsten. Dagegen gibt es kaum Arten, die extrem tiefe beziehungsweise hohe (unter 5,0 oder über 9,0) pH-Werte, wie sie in vielen Mooren und Kalk-Seen vorhanden sind, dauerhaft tolerieren.

Zwei eng miteinander korrelierende Faktoren sind die Temperatur und der Sauerstoffgehalt des Wassers. Sieht man von einigen Arten ab, denen beispielsweise sehr kalte Gebirgsbäche am meisten zusagen, bevorzugen die meisten Fische Temperaturen, die zwischen 10–25 °C liegen. In diesem Temperaturbereich zeigen die Fische dann ihre umfangreichsten Aktivitäten. Manche Arten stellen sogar die Nahrungsaufnahme ein, sobald die Temperaturen unter beziehungsweise deutlich über diese Werte sinken beziehungsweise ansteigen.

Die Erhöhung der Temperatur geht mit einer sinkenden Sauerstoffsättigung des Wassers einher. So ist beispielsweise die Sauerstoffsättigung in 25 °C warmem Wasser um ein Viertel geringer als in 10 °C warmem Wasser. Deshalb kann man während der Sommermonate in Gewässern, die einen zu umfangreichen Fischbestand aufweisen, immer wieder beobachten, dass die Fische an der Wasseroberfläche schwimmen und nach Luft schnappen. Derartige Gewässer enthalten dann nicht mehr genügend Sauerstoff für die primär durch Kiemen atmenden Fische. Letztere versuchen unter solchen Bedingungen, diesen Mangel durch das Schnappen atmosphärischer Luft zu kompensieren.

Erhöht sich die Wassertemperatur, verringert sich der Sauerstoffgehalt des Wassers.

Mehr als nur Ansammlungen von Wasser

Neben dem Wasser fungieren beispielsweise auch Wasserpflanzen, artgleiche und -artfremde tierische Lebewesen, Bodensubstrate, Steine und Wurzelhölzer als wichtige Umweltbestandteile. Sowohl die letztgenannten, unbelebten Gegenstände als auch die Pflanzen bieten den Fischen Versteckmöglichkeiten und werden darüber hinaus von vielen Arten als Laichsubstrate genutzt. Außerdem besteht die Nahrung zahlreicher Arten aus unterschiedlich großen Mengen zarter Pflanzenteile.

An den unteren Stängelenden der Wasserpflanzen lagern sich häufig in großem Umfang wassertrübende Schwebteilchen in Form des sogenannten Mulms an. Dadurch leisten diese Pflanzen nicht nur einen entscheidenden Beitrag zur Klärung und Säuberung des Wassers, sondern führen auch eine Art Selbsthilfe durch: Denn je klarer das Wasser ist, desto mehr Sonnenstrahlen können eindringen und umso intensiver läuft die Fotosynthese in der Unterwasservegetation ab.

Das Bodensubstrat dient nicht nur manchen Fischen, beispielsweise dem Aal, *Anguilla anguilla*, dazu, sich zeitweilig einzugraben, sondern ist auch der Standort, in dem viele Pflanzen mit ihren Wurzeln Halt finden. Dabei werden über die Wurzeln gleichzeitig wichtige Elemente, wie beispielsweise Magnesium, aus dem Bodensubstrat aufgenommen.

Aal

Unsichtbare Kreisläufe

Im Idealfall besteht zwischen den Lebewesen eines Gewässers ein ausgewogenes Verhältnis, welches als biologisches Gleichgewicht bezeichnet wird. Die Aufrechterhaltung dieses Gleichgewichts erfolgt in einer Art Gesamtkreislauf, der in gewisser Weise ein Konglomerat von mehreren Teilkreisläufen sowie den verschiedenen biotischen und abiotischen Umwelteinflüssen darstellt.

Die einzelnen Komponenten und Reaktionen in den Teilkreisläufen sowie manche Umwelteinflüsse sind zwar für das menschliche Auge nicht direkt wahrnehmbar, aber sie lassen sich in den meisten Fällen mit physikalischen und chemischen Hilfsmitteln messen. Ungeachtet dessen kann man häufig schon mit einem einzigen Blick feststellen, ob das biologische Gleichgewicht in einem Gewässer noch weitgehend intakt oder bereits „aus den Fugen" geraten ist. Letzteres erfolgt beispielsweise sehr schnell, wenn in einem kleinen Gewässer zu viele Tiere und gleichzeitig zu wenig höhere Wasserpflanzen vorhanden sind. Unter derartigen Bedingungen erfolgt ein nur unzureichender Abbau der tierischen Stoffwechselausscheidungen, wodurch häufig ein explosionsartiges Wachstum von Algen ausgelöst wird. Falls es sich bei diesen um mikroskopisch kleine Schwebalgen handelt, nimmt das Wasser binnen weniger Tage eine grüne, undurchsichtige Farbe an. Gelingt es dagegen größeren Grünalgen diese Situation für sich zu nutzen, ist das Resultat – aus dem Blickwinkel des biologischen Gleichgewichts – ebenfalls nicht vorteilhaft. Häufig bilden die Grünalgen dann in kürzester Zeit watteähnliche Beläge, die nahezu alle im Wasser befindlichen Gegenstände überziehen. Zu letzteren gehören auch die höheren Pflanzen, auf deren Blättern sich die Algenwatten ansiedeln. Dadurch kommt es zu einer erheblichen Verminderung der fotosynthetischen Leistungen bei diesen Pflanzen, weil ihnen die Algen einen Großteil des dafür notwendigen Sonnenlichts nehmen. Im Extremfall sterben die Wasserpflanzen sogar ab. Bricht dann zu einem späteren Zeitpunkt die Algenflora zusammen, indem sie sich scheinbar in Nichts auflöst, werden extreme Mengen an wasserbelasteten Nährstoffen freigesetzt (das Wasser ist dann eutrophiert oder, einfacher ausgedrückt, mit Nährstoffen maßlos übersättigt). Diese gelösten Nährstoffe gehen ihrerseits zahlreiche Reaktionen mit dem im Wasser vorhandenen Sauerstoff ein, wodurch sich dieser immer stärker verknappt und nicht mehr für Fische und sonstige durch Kiemen atmende Tiere zur Verfügung steht.

Wie schon kurz erwähnt, laufen im Wasser mehrere Teilkreisläufe ab, von denen sowohl der Kohlenstoff- als auch der Stickstoffkreislauf außerordentlich wichtig sind.

Kohlenstoff fungiert nicht nur in Gewässern, sondern überall auf der Erde als ein Basiselement für den Aufbau organischer Substanz. Für sämtliche Pflanzen stellt Kohlendioxid jene Quelle dar, aus der sie während der Fotosynthese mithilfe von Sonnenlicht und Wasser Kohlenhydrate produzieren. Dabei fallen überschüssige Mengen an Sauerstoff an, welchen die Pflanzen an das Wasser abgeben, wo er den Fischen zur Atmung dient. Allerdings erfolgt diese Sauerstoffüberproduktion nur während der hellen Tagstunden und wird als Lichtreaktion der Fotosynthese bezeichnet. Im Unterschied dazu entziehen die

Pflanzen dem Wasser bei der nächtlichen Dunkelreaktion wieder einen Teil des am Tag abgegebenen Sauerstoffs, den sie nun zur Aufrechterhaltung ihres Stoffwechsels benötigen. Dieser Anteil ist in einem intakten Gewässer allerdings so gering, dass mehr als genügend Sauerstoff für die nächtliche Atmung der Fische im Wasser verbleibt. Außerdem sinkt in den Nachtstunden die Wassertemperatur, wodurch sich das Sauerstoffbindungsvermögen des Wassers erhöht. Doch damit nicht genug. Zusätzlich findet an der Wasseroberfläche ein Gasaustausch statt, bei dem Sauerstoff in das Wasser gelangt und Kohlendioxid an die atmosphärische Luft abgegeben wird.

Stickstoff ist ein unverzichtbares Element für jegliches Leben, denn er ist Bestandteil sämtlicher Eiweißverbindungen. Aus diesem Grund befinden sich Stickstoffverbindungen auch in großen Mengen in abgestorbenen Pflanzenteilen, Nahrungsresten und Exkrementen.

Während einige Stickstoffverbindungen wie Nitrate (NO_3-) und Ammonium (NH_4+) nur in hohen Konzentrationen als Fischgifte wirken, rufen andere, allen voran Nitrite (NO_2-) und Ammoniak (NH3) bereits in sehr kleinen Mengen Vergiftungserscheinungen hervor.

In Gewässern, in denen das biologische Gleichgewicht intakt ist, werden sowohl die hoch- als auch die schwachgiftigen Verbindungen sehr rasch abgebaut. Dabei erfolgt der Abbau des Ammoniums durch Bakterien der Gattung Nitrosomonas. Diese wandeln das Ammonium zu Nitrit um. In sauerstoffreichen Gewässern warten bereits unzählige Exemplare der Bakteriengattung Nitrobakter darauf, das Nitrit zu dem wesentlich harmloseren Nitrat umzubauen. Letzteres nehmen die Pflanzen zu einem Großteil auf, um es zur Produktion von Biomasse zu nutzen.

Gut funktionierende Kohlenstoff- und Stickstoffkreisläufe sind enorm wichtig für den Erhalt des biologischen Gleichgewichts in jedem Gewässer.

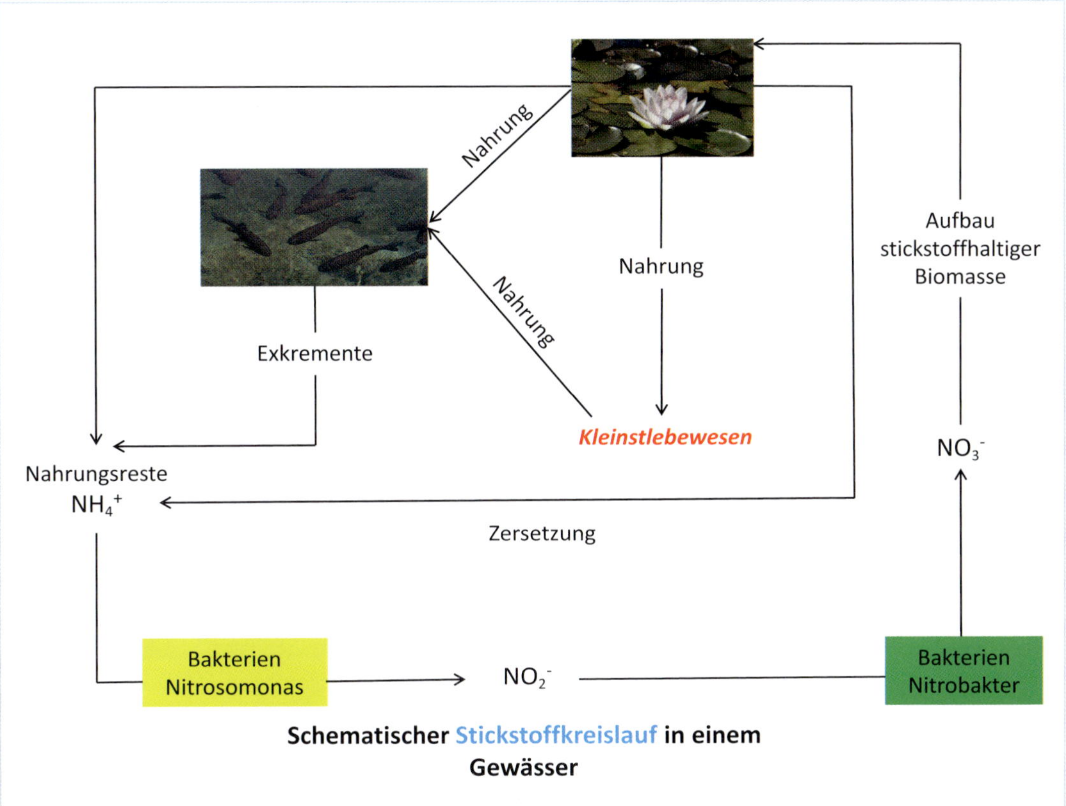

Der Stickstoffkreislauf in einem intakten Gewässer, vereinfachtes Schema (B. Müller & C. Gutjahr)

Fische etwas genauer betrachtet

Die meisten Fische besitzen einen mehr oder weniger spindelförmigen Körper. Damit sind sie bestens an das Leben im Wasser angepasst, weil diese Körperform einen geringen Reibungswiderstand verursacht und damit ein schnelleres Schwimmen ermöglicht.

Um diesen Reibungswiderstand weiter zu minimieren, hat die Natur die Körper der Fische mit einem gleichmäßig dünnen Schleimfilm überzogen. Dieser Film besitzt außerdem eine antibakterielle Wirkung. Unter dem Schleimfilm befinden sich die Schuppen, die wie kleine Schutzschilde den Körper vor negativen mechanischen Einwirkungen abschirmen. An den Flanken ist die sogenannte Seitenlinie erkennbar, die bei vielen Arten am Kopf beginnt und sich bis zum Schwanzstiel erstreckt. Es handelt sich dabei um ein hochsensibles Sinnesorgan, dessen oberste Schicht aus kanalartig durchlöcherten Schuppen besteht. In diesen Kanälchen befinden sich zahlreiche, hoch spezialisierte Sinneszellen, die in der Lage sind, auch sehr schwache Druckwellen und Vibrationen zu registrieren. Die registrierten Reize werden sofort über Nervenbahnen an das Gehirn geleitet, dort verarbeitet und gegebenenfalls mit einer blitzschnellen Reaktion beantwortet. Dieses Ferntastsinnsystem ermöglicht es den Fischen, beispielsweise einen sich annähernden Fressfeind zu orten, ohne diesen zu sehen, denn sie können damit die Geschwindigkeit und Größe von sich bewegenden Objekten sehr präzise abschätzen.

Der spindelförmige Körper der Fische verursacht im Wasser nur einen relativ geringen Reibungswiderstand.

Die Seitenlinie, beim Schneider (*Alburnoides bipunctatus*) werden die dazu gehörenden, durchlöcherten Schuppen von einer konvexen schwarzen Linie überzogen, stellt ein äußerst sensibles Sinnesorgan dar.

Beidseitig des Kopfes befinden sich die Kiemendeckel, deren wichtigste Aufgabe darin besteht, die darunter befindlichen Kiemen vor mechanischen Einflüssen zu schützen und so zu gewährleisten, dass die Atmung jederzeit ungestört ablaufen kann. Diese funktioniert in der Weise, dass die Fische Wasser durch ihr Maul aufnehmen, von wo aus es über die Kiemen geleitet wird. An den Kiemen erfolgt ein Gasaustausch, indem Sauerstoff aus dem Wasser aufgenommen und gleichzeitig Kohlendioxid abgegeben wird. Außerdem scheiden die Kiemen zahlreiche Stickstoffverbindungen aus, die im Rahmen des individuellen Stoffwechsels als Abfallprodukte entstehen. Anschließend verlässt das Wasser den Körper über die zwischen den Kiemendeckeln und dem Körper vorhandenen Spalten.

Zu den ganz charakteristischen Körpermerkmalen der Fische gehören ihre Flossen. Diese bestehen aus einem Gerüst von zumeist derben Flossenstrahlen, zwischen denen sich Hautfalten befinden, welche man als Flossenhaut bezeichnet. Im Verlauf der Evolution wurden einige Flossen einzeln und andere paarweise angelegt. Paarig angelegt sind die Brust- und Bauchflossen, die auch als Pectoralen beziehungsweise Ventralen bezeichnet werden. Dagegen sind die After-(Anale), Schwanz-(Caudale) und Rückenflosse (Dorsale) immer nur einzeln vorhanden. Allerdings ist die Dorsale bei einigen Fischarten in mehrere Teile untergliedert. So besitzt beispielsweise der Flussbarsch, *Perca fluviatilis*, eine zweigeteilte Rückenflosse.

Bezüglich seiner Beflossung stellt der Aal, *Anguilla anguilla*, eine Ausnahme dar, denn bei ihm sind Rücken-, Schwanz- und Afterflosse zu einem durchgehenden Flossensaum verwachsen. Die Flossen dienen in erster Linie zur Fortbewegung sowie zur Stabilisierung des Körpers im Wasser. Außerdem legen die Männchen mancher Arten während der Kopulation ihre Rückenflosse über das Weibchen, um dieses näher an sich heranzuziehen und es dabei zumindest ein wenig zu fixieren.

Ein Körpermerkmal, das nur manche Fischarten, wie etwa die Salmoniden und der aus Nordamerika stammende Katzenwels, *Ameiurus nebulosus*, besitzen, ist die sogenannte Fettflosse oder Adipose. Dabei handelt es sich um einen flossenähnlichen

Der Zander, *Sander lucioperca*, gehört ebenfalls zu jenen Arten, die eine geteilte Rückenflosse besitzen.

fleischigen Fortsatz, der sich zwischen Rücken- und Schwanzflosse befindet. Im Unterschied zum Katzenwels ist der Europäische Wels, *Silurus glanis*, nicht mit einer solchen Fettflosse ausgestattet.

Eine Besonderheit aller Fische besteht darin, dass sie während ihres gesamten Lebens wachsen. Allerdings lässt sich eine zügige Längenzunahme normalerweise nur im Jugendstadium beobachten. Im Alter erfolgt das Längenwachstum zumeist derartig langsam, dass man fast meinen könnte, es würde völlig stagnieren.

Die entscheidende Grundlage für das Wachstum stellt die pro Zeiteinheit aufgenommene Nahrung dar. Diese können die meisten Fischarten mit einer ungeheuren Anzahl an Rezeptoren wahrnehmen, die sich nicht nur im Bereich des Mauls, der Lippen und Barteln befinden, sondern häufig über die gesamte Körperoberfläche verteilt sind.

Außerdem nutzen die Fische ihren Geruchssinn, um die Genießbarkeit von Nahrungskomponenten zu prüfen. Welchen Weg nimmt nun die Nahrung durch den Fischkörper? Bei den Fischen unterteilt sich der Verdauungstrakt in Vorder-, Mittel- und Enddarm. Der Vorderdarm beginnt an der Maulöffnung, inklusive der dazu gehörenden Lippen. In der sich anschließenden Maulhöhle sind bei manchen Fischarten Zähne vorhanden, während diese bei anderen gänzlich fehlen.

Anstatt eines bezahnten Mauls besitzen manche Fische ein „Ersatzgebiss“. So haben beispielsweise die Karpfenfische im Verlauf ihrer Evolution Schlundzähne ausgebildet. Diese sitzen auf den bogenförmigen Schlundknochen, die sich in der Nähe der Kiemen befinden.
Zu den Schlundzähnen lässt sich im weiteren Sinne auch der sogenannte Karpfenstein rechnen. Dabei handelt es sich um zwei vor der Speiseröhre befindliche plattenartige Hornstrukturen, die nach dem Prinzip „Hammer und Amboss“ funktionieren und mit denen harte Gegenstände, allen voran Muscheln und Schnecken, aufgeknackt werden. Dabei entstehen Geräusche, die so ähnlich klingen, als würde man Kieselsteine mit viel Druck über eine Glasplatte schieben. Sofort nach dem Aufknacken werden die unverdaulichen Schalen- beziehungsweise Gehäusebruchstücke der Muscheln sowie Schnecken ausgespien und die weichen Teile in die Speiseröhre geleitet.

Die Zähne dienen hauptsächlich zum Festhalten und groben Zerkleinern von Beutetieren. Zu einem echten Kauen, wie es von Säugetieren bekannt ist, sind Fische allerdings nicht fähig. Aus der Maulhöhle gelangt die aufgenommene Nahrung in den Rachen, der sich allmählich zur Speiseröhre verjüngt. Diese mündet wiederum in den Magen als den letzten Abschnitt des Vorderdarms. Allerdings besitzen nicht alle Arten einen Magen. Beispielsweise fehlt er den Karpfenfischen, bei denen Abschnitte des Mitteldarms die Funktionen des Magens übernommen haben.

Der Mitteldarm beginnt unmittelbar hinter dem Magen und bei magenlosen Arten an der Stelle, wo sich die Öffnungen der Ausführungsgänge von Bauchspeicheldrüse und Leber befinden. Diese beiden Organe sondern ihre Sekrete direkt in den Mitteldarm ab (wobei es sich bei dem dunkelgrünen Gallensaft um ein Produkt der Leber handelt). Beide Sekrete schließen im Zusammenwirken mit den im Darm vorhandenen Enzymen die Nahrung soweit auf, dass daraus niedermolekulare Verbindungen entstehen, die durch die Darmwand resorbiert und in den körpereigenen Stoffwechsel integriert werden. Damit die potenzielle Resorptionsfläche möglichst groß ist, hat sich der Mitteldarm in zahlreichen Falten und Schlingen angeordnet. Bei vorwiegend pflanzenfressenden Fischen ist der Mitteldarm deutlich länger als bei räuberisch lebenden Arten. Das liegt vor allem daran, dass pflanzliche Nahrung nicht so gehaltvoll ist wie tierische und sich außerdem schwerer aufschließen lässt.

Das Lumen des Mitteldarms ist mit zahlreichen Schleimzellen ausgekleidet, deren Sekrete sich förderlich auf eine schnelle Passage des Nahrungsbreis auswirken. Je länger nämlich die Nahrung im Darm

Die im Maul ausgebildeten Zähne, wie beispielsweise beim Hecht, dienen zum Festhalten und groben Zerkleinern von Beutetieren.

verharrt, desto mehr steigt die Gefahr das unerwünschte Gärungs- und Fäulnisprozesse einsetzen, die im Extremfall sogar zum Tod des Fisches führen können.

Der Mitteldarm geht fließend in den Enddarm über. Dieser ist relativ kurz und verläuft zumeist gerade. Seine Funktion besteht hauptsächlich darin, dem Nahrungsbrei überschüssiges Wasser zu entziehen, sodass sich daraus der schnurartige Kot bildet, welcher letztlich über den After ausgeschieden wird.

Faszinierende Funktionen

Bei zahlreichen Fischen haben sich im Verlauf der Evolution bemerkenswerte physiologische Funktionen entwickelt, von denen es sich lohnt, einige etwas ausführlicher vorzustellen. Es sei jedoch darauf verwiesen, dass nicht alle Organe, die bei Fischen und höher entwickelten Wirbeltiergruppen, wie etwa den Säugetieren, identische Funktionen ausüben, auch die gleichen phylogenetischen Ursprünge haben. So stimmen beispielsweise die Lungen nur hinsichtlich ihrer Atmungsfunktion mit den Kiemen überein. Während sich die Kiemen der Fische aus den bereits embryonal angelegten Kiemenbögen entwickelten, ging die Lunge aus einer Ausstülpung des Vorderdarms hervor. Bei den Fischen stellt die Schwimmblase eine solche Vorderdarmausstülpung dar und hat somit einen gleichen phylogenetischen Ursprung wie die Lunge.

Sowohl im Wasser als auch in den Körpern der Fische befinden sich zahlreiche, in ionaler Form gelöste Salze. Allerdings ist die Salzkonzentration in den Körpern der Süßwasserfische höher als in den sie umgebenden Gewässern. Basierend auf den Gesetzen der Osmose ist deshalb das Wasser bestrebt, über die Haut der Fische einen Konzentrationsausgleich zu schaffen, indem es von der niedrigeren Konzentration zur höheren (also in den Körper der Fische) strömt. Somit nehmen die Fische, wenn auch unbeabsichtigt, mehr Wasser auf als sie benötigen. Dieses überschüssige Wasser scheiden sie in Form eines hoch verdünnten Urins wieder aus. Dabei verlieren sie auch zahlreiche (Salz-)Ionen. welche zu einem Großteil wieder über die Kiemen aufgenommen werden. Meeresfische befinden sich in einer nahezu umgekehrten Situation, weil das sie umgebende Meerwasser einen höheren Salzgehalt aufweist als ihre Körperflüssigkeiten. Deshalb müssen sie ständig Wasser über ihr Maul aufnehmen (trinken), um nicht auszutrocknen. Gleichzeitig scheiden sie überschüssige Salzionen über ihre Kiemen sowie einen stark konzentrierten Urin aus.

Der Geruchssinn, der häufig zur Fernerkundung eingesetzt wird, ist für viele Fische wichtiger als ihr Sehsinn. Über ihre vier Nasenöffnungen nehmen die Fische chemische Substanzen im Wasser war. Diese Wahrnehmungen wandeln sie zu Informationen um, welche an das Gehirn weitergeleitet werden. Doch damit nicht genug. Auch mit ihren auf der Haut verteilten Sinneszellen und freien Nervenendungen ist es den Fischen möglich, Feinde, Nahrung und Artgenossen zu wittern/zu erkennen.

Nicht nur innerhalb der Fische, sondern unter allen Wirbeltieren stellen die Aale *Anguilla anguilla*, die absoluten Supernasen dar. Ihr Geruchssinn ist so ausgeprägt, dass sie eine Konzentration von knapp 1800 Molekülen in 1 cm^3 Wasser wahrnehmen können. Um das etwas besser zu veranschaulichen: sie könnten damit einen Tropfen Parfüm in der dreifachen Wassermenge des Bodensees wahrnehmen! Deshalb verwundert es kaum, dass Aale mit ihrem Geruchssinn den Weg in ihre mehrere tausend Kilometer entfernten Laichgewässer finden.

Obwohl er nicht ganz zu den Riechleistungen befähigt ist wie der Aal, beeindruckt auch der Atlanti-

Der Aal, *Anguilla anguilla* (hier ganz junge Exemplare), wurde von der Natur mit einem phänomenalen Geruchssinn ausgestattet.

Die Augen dienen den Fischen zur Naherkundung ihrer Umwelt.

sche Lachs, *Salmo salar*, mit seinem weit überdurchschnittlich entwickelten Geruchssinn. Mit diesem findet dieser Fisch aus dem Meer in jenen Süßwasserbach zurück, in dem er einst als sogenannte Larve das Licht der Welt erblickte. Sehr wahrscheinlich ist dabei der Geruchssinn funktionell mit sogenannten Magnetorezeptoren verbunden, die sich in der Nasenschleimhaut befinden und den Lachsen eine Orientierung am Magnetfeld der Erde ermöglichen.

Neben einigen weiteren Fischordnungen besitzen die Karpfenartigen, Cypriniformes, und die Welsartigen, Siluriformes, in Form des Weberschen Apparates (auch als Webersches Organ bezeichnet) eine beeindruckende Konstruktion, welche Teil ihres Hörorgans ist. Es handelt sich dabei um eine Reihe kleiner Knochen, die als Verbindungsglieder zwischen der Schwimmblase und dem knöchernen Labyrinth des Innenohres fungieren. Die Schwimmblase dient dabei – ähnlich wie das Trommelfell der Säugetiere – als eine Art Resonanzkörper für auftreffende Schallwellen. Interessant ist in diesem Zusammenhang, dass in ruhigen Gewässern lebende Fische eine bessere akustische Wahrnehmung verzeichnen als ihre Artgenossen, die sich unter Wasserfällen oder in der Brandungszone aufhalten. Ein Grund dafür ist, dass in „wildem" Wasser viel mehr und gleichzeitig sich überlagernde Geräusche vorhanden sind. Dadurch wird ein selektives Herausfiltern einzelner Geräusche erschwert. Unabhängig von dem Weberschen Organ verwundert es deshalb nicht, dass Forellen, die ursprünglich fast nur in „wildem" Wasser lebten, ein geringeres Hörvermögen besitzen als beispielsweise Karpfenartige und Welse, die primär in ruhigem Wasser heimisch waren.

Der visuelle Sinn dient den meisten Fischen zur Naherkundung. Je enger sich das zu beäugende Objekt an einem Fisch befindet, desto näher wird die Linse des Auges von speziellen Muskeln an die Netzhaut gezogen. Durch dieses „Einstellen der Augen" erhalten die Fische ein sehr scharfes Bild von dem Objekt.

Vom Ei bis zum Jungfisch

Um sich zu vermehren, bringen die meisten Fische keine vollentwickelten Jungen zur Welt, sondern legen Eier, die man Laich nennt. Dazu sind zwei Elternfische erforderlich, von denen das Vatertier als Milchner und das Muttertier als Rogener bezeichnet wird.

Vor allem bei den Männchen vieler Fische treten, ähnlich wie bei zahlreichen Vogelarten, während der Paarungszeit farbliche Veränderungen am Körper auf.

Man spricht bei dieser Veränderung auch vom Hochzeitskleid beziehungsweise einer Balzfärbung.

Männlicher Dreistachliger Stichling im Hochzeitskleid

Diese äußert sich entweder in einer Intensivierung der Körperfärbung oder der Körper zeigt (stellenweise) Farben, die außerhalb dieser Zeit nicht vorhanden sind. Bei den Felchen und vielen Karpfenfischen erscheint an Kopf und Vorderkörper ein weißlicher, an Gries erinnernder Laichausschlag. Dieser wird nach der Laichzeit wieder zurückgebildet.

Dem Ablaichen geht bei den meisten Arten ein intensives Balzspiel voraus. Dabei praktizieren die Fische entweder paarweise oder in Gruppen liebestolle Verfolgungsjagden. Außerdem imponieren Männchen oftmals in ihren schönsten Farben und mit Flossen, die fast bis zum Zerrreißen aufgespannt sind, vor den Weibchen. Bei der eigentlichen Paarung geben die Partner nahezu zeitgleich ihre Eier und Spermien in das Wasser ab, wo die Befruchtung erfolgt. Während manche Arten den Laich bevorzugt an Wasserpflanzen deponieren, platzieren ihn andere im lockeren Substrat der Sand- oder Kiesbänke. Wieder andere Fische betreiben Brutpflege und bewachen ihren Laich und die Fischlarven bis zum Freischwimmen.

In den befruchteten Eiern beginnen sich die Embryonen zu entwickeln. Das Entwicklungstempo

Brachse, *Abramis brama*, mit kräftigem Laichausschlag

Groppe, *Cottus gobio*, mit klumpenförmigem Gelege

Hechtlarve, sie besitzt noch keine ausdifferenzierten Flossen

hängt zu einem großen Teil von den durchschnittlichen Wassertemperaturen ab, die auch in Tagesgraden ausgedrückt werden können. Beispielsweise benötigt Hechtlaich 120 Tagesgrade, bis die Larven aus den Eiern schlüpfen. Das bedeutet, dass Hechtlaich bei einer durchschnittlichen Wassertemperatur von 15 °C 8 Tage (120 : 15 = 8) für seine Entwicklung bräuchte, während in 10 °C kaltem Wasser 12 Tage erforderlich wären.

Die Körper der zumeist 4–7 mm langen Larven sind zum Zeitpunkt des Schlupfes noch transparent und sehr platt. Außerdem besitzen sie noch keine differenzierten Flossen, sondern ihr Körper wird von einem bandartigen Flossensaum umgeben. An ihrem Bauch befindet sich ein großer, Nährstoffe enthaltender Dottersack, den die Larven in der Folgezeit allmählich aufzehren. Um Energie zu sparen und möglichst unentdeckt zu bleiben, heften sich die Larven vieler Arten zunächst weitgehend reglos an Pflanzen oder sonstige Gegenstände.

In den folgenden Tagen setzt bei den Larven die Ausdifferenzierung der Organe ein. Die Schwimmblase bildet sich und aus dem Flossensaum entstehen die einzelnen Flossen. Pigmentierungen werden sichtbar und die Larven starten mit der aktiven Nahrungsaufnahme, die die Basis für eine schnelle Längen- und Gewichtszunahme in der Folgezeit darstellt. Nach 3–4 Wochen sind zumeist alle körperlichen Grundentwicklungen abgeschlossen und die Jungen sehen jetzt bereits wie Miniaturen ihrer Eltern aus. Je nach Art vergeht nun eine mehr oder weniger lange Zeit, bevor diese Jungfische die Geschlechtsreife erreichen und ihrerseits am Reproduktionszyklus der Art teilnehmen können.

Jeder kann einen Beitrag leisten

In den vergangenen 100–150 Jahren erfolgte in vielen Gewässern eine teils enorme Verschlechterung der Wasserqualität. Gründe dafür waren unter anderem die Verschmutzung durch Industrie und Landwirtschaft sowie durch urbane Abwässer. Doch damit leider nicht genug. Der Mensch veränderte auch zahlreiche Gewässer, indem er beispielsweise Flussläufe begradigte und Uferanschnitte mit Beton und Steinen ausmauerte. Auch verhindern viele tausend Wasserkraftwerke die Wanderung zahlreicher Fischarten zu ihren traditionellen Laichplätzen. Durch den Aufstau verschwinden Kiesbänke, Sediment lagert sich verstärkt ab und die Wassertemperatur steigt. Darüber hinaus sind die Kraftwerksturbinen oft ein tödliches Hindernis für wandernde Fischarten. Ebenso wurden einstige Überschwemmungsbereiche, die im weiteren Sinne zur Uferregion der Gewässer gehörten, häufig als Acker mit massiver Sedimentabschwemmung in die Bäche genutzt. Oftmals erfolgte auch ein Abholzen von Weiden und Erlen, die die Uferbereiche vieler Gewässer mit ihren Wurzeln stabilisierten. Diese Maßnahmen stellten gravierende Einschnitte in die betreffenden Biotope dar, die sich davon oftmals nie völlig erholten. Der Rückgang oder gar das totale Verschwinden von Arten waren nicht selten die Folge.

Inzwischen versucht man vielerorts die „Sünden der Vergangenheit“ wieder in Ordnung zu bringen. Dabei kann jeder mithelfen. Das beginnt bereits damit, dass man weder Gewässer verschmutzt noch in den heißen Sommermonaten, wenn sich die Wasserspiegel ohnehin absenken, Gießwasser in größeren Mengen aus den Gewässern entnimmt.

Ebenso ist es dringend notwendig, alle Ackerflächen, die an Gewässer grenzen, mit den laut Gesetz vorgegebenen, genügend breiten Erosionsschutzstreifen auszustatten. Bei diesen Schutzstreifen handelt es sich um nichts weiter als eine Gras-Kräuter-Ansaat, welche weitgehend verhindert, dass bei starken Regenfällen Ackerboden in das Gewässer

In der Natur ausgesetzte Goldfische können viel Schaden anrichten.

gespült wird. Im analogen Sinne gilt das auch für Gärten, die beispielsweise direkt an einen Bach grenzen. Auch hier ist es äußerst sinnvoll, einen breiten Schutzstreifen zwischen den Beeten und dem Wasser anzulegen. Davon profitiert man sogar als Gartenfreund, weil dann die fruchtbare Gartenerde nicht in den Bach geschwemmt wird.

Ein Problem, das immer wieder auftritt, ist das Aussetzen von überzähligen Aquarien- und Gartenteichfischen. Fest steht, dass diese Faunenverfälschung sehr viel Schaden in der Natur anrichtet. Aber was tun, wenn sich die Goldfische im Gartenteich reichlich vermehren und keine Abnehmer dafür zu finden sind? Das Beste ist, es gar nicht so weit kommen zu lassen. So behelligt beispielsweise ein mittelgroßer, im Gartenteich eingesetzter Flussbarsch, *Perca fluviatilis*, keine erwachsenen Goldfische, frisst aber deren (kleine) Nachkommen.

Durch das Aufstellen eines Insektenhotels trägt man indirekt zur Absicherung der Ernährung einheimischer Fische bei.

Ein Sachverhalt, dem oft nicht genügend Aufmerksamkeit geschenkt wird, ist der Rückgang der Individuenzahl zahlreicher Insektenlarven auch in den Gewässern. Diese Larven und auch die erwachsenen geschlechtsreifen Insekten stellen für viele Fische, aber auch für viele Vogelarten und Amphibien eine wichtige Nahrungsgrundlage dar. Nun fand in den letzten Jahrzehnten auch ein dramatischer Rückgang der Arten- und Individuenzahlen in der Insektenwelt statt. Um diesem Rückgang etwas entgegenzuwirken, kann man auf chemische Insektenbekämpfungsmittel im Haushalt und im Garten weitgehend verzichten und außerdem Brut- und Überwinterungsmöglichkeiten für Insekten, wie beispielsweise Insektenhotels, installieren. An dieser Stelle wird wohlmöglich der eine oder andere Leser den Einwand hervorbringen, dass ein Großteil jener Insekten, die als Larven ihren Entwicklungszyklus im Wasser durchlaufen, kaum Insektenhotels aufsucht. Betrachtet man diese Insekten aus dem gesamten Naturkreislauf herausgelöst, so stimmt das. Aber durch den Mangel an Insekten, haben unter anderem auch zahlreiche Vogelarten ihr ursprüngliches Beutetierspektrum dahingehend erweitert/verändert, dass sie verstärkt Insekten jagen, die ihre Metamorphose im Wasser durchlaufen. Indem diesen Vögeln wieder mehr ihrer „ursprünglichen" Insekten als Nahrung zur Verfügung stehen, ergeben sich für andere Arten, die das Wasser als „Kinderstube" nutzen, bessere Überlebenschancen. Diese können sich dann ihrerseits stärker vermehren und ihre Larven somit wieder in größerem Umfang als Nahrung für die Fische fungieren. Das birgt gleichzeitig den Vorteil, dass sich auch von diesen „Wasserlarven" mehr Exemplare zu Vollinsekten entwickeln, die wiederum zum Erhalt ihrer Art beitragen können.

Mancher Leser wird jetzt vielleicht äußern, das, was ich als Einzelner tun kann, ist doch nur jener sprichwörtliche „Tropfen auf den heißen Stein". Das stimmt, aber wenn genügend Tropfen gleichzeitig auftreffen, beginnt sogar ein großer Stein allmählich abzukühlen.

Aal

Anguilla anguilla

Familie: Aalfische, Anguillidae

Verbreitungsgebiet: von Portugal bis Italien sowie in den Ostsee-Anrainerstaaten, Westrussland, Großbritannien, Irland, Island und Norwegen

Bevorzugte Biotope: Größere Fließgewässer, in stehenden Gewässern werden vielerorts Jungaale zu angelsportlichen Zwecken ausgesetzt.

Länge in cm (Maul bis Schwanzende): Männchen bis 60, Weibchen bis 150

Hauptnahrung: Es gibt zwei Ernährungstypen, die an ihrer Kopfform erkennbar sind. Spitzkopfaale fressen vor allem Würmer, Schnecken, Muscheln und Insektenlarven. Breitkopfaale bevorzugen kleinere Fische, Kaulquappen, Froschlurche und Fischlaich.

Laichzeit/Zahl abgesetzter Eier: Die genaue Laichzeit sowie die Anzahl der Eier sind nicht bekannt.

Jungaale umgehen einen Wasserfall.

Über diesen, auch als Europäischen Aal, bezeichneten Fisch kursieren immer noch einige Gerüchte. Eines davon behauptet, dass der Aal auch Aas frisst. Tatsächlich akzeptiert er maximal frischtote, jedoch keinesfalls schon in Verwesung übergegangene Tiere. Ins Reich der Fabel gehört auch, dass Aale in Erbsenfelder kriechen, um sich dort satt zu fressen. Wahr ist dagegen, dass Aale des Öfteren kleine Hindernisse, wie etwa Wehre, kriechend überwinden. Ebenso versuchen sie beim Trockenfallen ihres Biotops ein anderes, in der Nähe befindliches Gewässer zu erreichen.

Der Aal gehört zu den sogenannten katadromen Wanderfischen, die sich zum Laichen ins Meer begeben. Die Laichgebiete der Aale befinden sich in der zum Atlantik gehörenden Sargassosee, welche vor Florida liegt. Zumeist beginnt diese bis anderthalb Jahre dauernde Wanderung im Spätherbst. Im Ozean angekommen, schwimmen die Aale tagsüber in großen Tiefen, die sich bis zu 1.000 m unter dem Meeresspiegel befinden. Nachts steigen sie dagegen bis fast zur Wasseroberfläche empor.

Glasaal

Nach dem Erreichen der Sargassosee, laichen die Aale vermutlich in 1.500–2.000 m Tiefe und sterben anschließend wahrscheinlich sehr schnell, weil sie während der Kopulation ihre letzten Energiereserven mobilisieren mussten. Die aus dem Laich schlüpfenden Individuen bezeichnet man aufgrund ihrer länglich platten Körperform als Weidenblattlarven. Diese führen jene Wanderungen, die ihre Eltern absolvierten, in entgegengesetzter Richtung durch. Dabei benötigen sie für die Strecke aus der Sargassosee bis zu den Küsten Europas etwa 3 Jahre. Rund 100 km vor diesen Küsten erfolgt eine Gestaltveränderung, indem sich die etwa 7 cm langen Aallarven zu wurmähnlich aussehenden, durchsichtigen Glasaalen umformen. Zu großen Schwärmen formiert, ziehen diese Glasaale anschließend die Flüsse hinauf bis weit ins Landesinnere. Dabei verfärbt sich ihre Bauchregion gelblich, weshalb man sie in diesem Entwicklungsstadium Gelb- oder Steigaale nennt. Diese lassen sich alsbald in einem Gewässer nieder, um darin bis zum Erreichen der Geschlechtsreife auszuharren. Letztere tritt bei den Männchen im Alter von 6–9 Jahren und bei den Weibchen nach 12–15 Jahren ein – und dann ist ihre Zeit gekommen, in die Sargassosee aufzubrechen.

Aitel

Squalius cephalus

Familie: Weißfische, Leuciscidae

Verbreitungsgebiet: Außer in Schottland, Irland und Nordskandinavien in ganz Europa sowie in Armenien, Georgien und dem Iran beheimatet.

Bevorzugte Biotope: Schnell fließende, breite, nicht zu kalte Bäche und Flüsse. Dagegen werden Seen nur selten vom Aitel besiedelt. Wenn er doch in diesen vorkommt, bewohnen die Jungfische zumeist die Uferregion, während sich ältere Exemplare vorwiegend in den uferferneren Bereichen aufhalten. Außerdem dringt dieser Fisch gelegentlich ins Brackwasser der Ostsee vor.

Länge in cm (Maul bis Schwanzende): zumeist 30–50, selten bis 70

Hauptnahrung: Tierischer Anflug, Wasserinsekten, deren Larven, Schnecken, Muscheln und Würmer, Fischlaich. Mit zunehmender Körperlänge werden immer häufiger kleine Fische, Jungfische und Amphibien gejagt. Zusätzlich erfolgt die Aufnahme von Algen und Wasserpflanzen. Ebenso werden ins Wasser gefallene Früchte nicht verschmäht.

Laichzeit/Zahl abgesetzter Eier: April–Juni, 50.000–150.000

Weitere Populärbezeichnungen für diese Art lauten Alet, Döbel, Rohrkarpfen und Dickkopf. Die Bauchflossen sowie die Afterflosse sind rötlich gefärbt. Im Vergleich zu dem recht ähnlich aussehenden Hasel, *Leuciscus leuciscus*, ist der hintere Rand der Afterflosse beim Aitel nicht konkav, sondern konvex geformt. Außerdem besitzt der Aitel größere Schuppen.

Aitel beim Laichen

Aitel halten sich bevorzugt in der Nähe der Wasseroberfläche auf. Im Unterschied zu jüngeren Exemplaren, die sich zumeist zu Schwärmen vereint haben, führen viele ausgewachsene Exemplare ein einzelgängerisches Dasein oder leben nur mit wenigen Artgenossen zusammen. Sie mögen es, unter überhängenden Gehölzen, Brücken sowie unter Gumpen* „zu stehen".

Aitel gehören zu den langsam wachsenden Fischen, was jedoch dadurch kompensiert wird, dass sie ein Alter von 15–20 Jahren erreichen können. Bei den Männchen tritt die Geschlechtsreife im dritten und bei den Weibchen im vierten Lebensjahr ein.

Zur Laichzeit wird am Kopf der Männchen ein feinkörniger Laichausschlag gebildet. Das Laichen erfolgt über grobkiesigem Untergrund im schnell fließenden, sauerstoffreichen Wasser (schlammiger Untergrund bewirkt dagegen oft einen Totalverlust des Laichs).

Dabei werden die klebrigen Eier an Wasserpflanzen, Steine oder Wurzeln geheftet. Bis zum Schlupf der Larven vergehen normalerweise 7–9 Tage. In den folgenden 2–3 Tagen zehren die Larven ihren Dottersackvorrat auf. Danach beginnen sie, Zooplankton und kleine Algen zu fressen.

Die Aitel haben sich als Indikatorfische für saubere, weitgehend unbelastete Gewässer erwiesen. Kommt es zu einer stärkeren Verschmutzung, wandert die Population entweder ab oder bricht relativ schnell zusammen. Weil mittlerweile viele ehemalige Gewässer nicht mehr die notwendigen Umweltbedingungen bieten, ist diese Fischart in ihrem Bestand gefährdet. Zurzeit bilden die Aitel-Bestände in den in Kroatien befindlichen Plitvicer Seen die größten Populationen Europas.

Aitel-Schwarm in den Plitvicer Seen

*Als Gumpen bezeichnet man beckenartige Aushöhlungen, die von herabstürzenden Bächen in den felsigen Landschaften gebildet wurden.

Landschaftsausschnitt von der Plitvicer Seenplatte

Aland

Leuciscus idus

Familie: Weißfische, Leuciscidae

Verbreitungsgebiet: von Mitteleuropa über Schweden, Finnland, den Balkan und Osteuropa bis Sibirien, wo die Lena die östlichste Verbreitungsgrenze ist

Bevorzugte Biotope: Saubere, sauerstoffreiche, nicht zu kalte Fließgewässer und größere Seen mit reich strukturierten Uferregionen. Des Öfteren auch im Brackwasser zu finden. Unter allen Weißfischen toleriert der Aland einen höheren Salzgehalt des Wassers am besten.

Länge in cm (Maul bis Schwanzende): 30–50, Ausnahmeexemplare bis 80

Hauptnahrung: Insektenlarven, Kleinkrebse, tierische Anflugnahrung, Schnecken, Muscheln, Würmer, außerdem Fischbrut und Jungfische. Gelegentlich werden auch zarte Wasserpflanzenteile gefressen.

Laichzeit/Zahl abgesetzter Eier: März–Juni, 40.000–115.000

Der Aland wird auch als Orfe oder Nerfling bezeichnet. Mit dem Aitel, *Squalius cephalus*, besitzt der Aland einen „Doppelgänger". Aitel sind jedoch flachrückiger, an den Flanken fülliger und haben eine konvex geformte Afterflosse.

Größere Alande leben außerhalb der Paarungszeit oft als Einzelgänger. Im Frühjahr und Sommer halten sie sich gern in pflanzenreichen, flachen Gewässern, mitunter auch in Überschwemmungsbereichen, auf. Sobald es Herbst wird, ziehen sie sich in tiefere, bodennahe Wasserbereiche zurück.

Beim Aland treten überdurchschnittlich häufig Farbmutanten auf. Diese verwendete man als Basismaterial, um daraus sogenannte „Gold"-, „Silber-" und „Blauorfen" zu züchten. Diese Farborfe, die oft nur Längen von 15–20 cm erreichen, werden im Gartenteich wesentlich häufiger gehalten als wildfarbene Exemplare. In der Draufsicht sind die Farborfen kaum von Goldfischen zu unterscheiden. Im Vergleich zu letzteren besitzen sie jedoch den „Vorteil", dass sie selten im Bodensubstrat wühlen und somit im Gartenteich kaum stärkere Wassertrübungen verursachen. Außerdem halten sich die schwimmfreudigen Farborfen in den Sommermonaten oft nahe der Oberfläche des Gartenteichs auf, sodass man sie besonders gut beobachten beziehungsweise sich an ihnen erfreuen kann.

Zur Laichzeit verfärbt sich die silbrige Bauchregion der Alande messingfarben und die Männchen bekommen Laichausschlag.

In Fließgewässern beginnen dann die Alande stromaufwärts zu ihren Laichgründen zu wandern. Dort angekommen, erfolgt über sandigen oder kiesreichen Untergrund der Flachwasserregion ein heftiges Paarungsspiel, bei welchem die Weibchen ihre Eier ausstoßen, die von den Männchen sofort besamt werden. Ein paar Tage nach dem Laichen ziehen die Alande wieder flussabwärts zu jenen Gewässerabschnitten, in denen sie sich die meiste Zeit des Jahres aufhalten.

Aus den Eiern schlüpfen nach 2–3 Wochen die Larven. Nach dem Aufzehren des Dottersackinhaltes beginnen sie, Zooplankton zu jagen. Sie verlassen aber nicht sofort die Laichgründe, sondern verbringen dort noch einige Wochen. Anschließend wandern sie flussabwärts und suchen sich einen ruhigen Gewässerabschnitt, in dem sie weiter heranwachsen können. Alande wachsen relativ langsam und messen nach drei Jahren erst 10–20 cm. Bis zum Erreichen der Geschlechtsreife vergehen weitere 2 Jahre.

Aland mit feinem Laichauschlag am Kopf

Äsche

Thymallus thymallus

Familie: Lachsfische, Salmonidae

Verbreitungsgebiet: vom Süden Großbritanniens über kleine Teile Ostfrankreichs bis zum Schwarzen Meer; in Norwegen und Dänemark ausgesetzt; fehlt auf der Iberischen Halbinsel, in Italien und Griechenland

Bevorzugte Biotope: Extrem saubere, klare, kühle Fließgewässer ab 5 m Breite, die eine stärkere Strömung haben und zumindest stellenweise Kies als Bodensubstrat aufweisen. Außerdem in manchen kühlen Alpenseen anzutreffen. Äschen besiedeln zudem zumindest zeitweilig das Brackwasser.

Länge in cm (Maul bis Schwanzende): 35–40, Ausnahmeexemplare 60

Hauptnahrung: Insekten (Anflugnahrung), Köcherfliegenlarven, Würmer, Schnecken und kleine Krebstiere. Größere Exemplare erbeuten gelegentlich kleinere Fische und machen dabei auch vor jungen Artgenossen nicht halt.

Laichzeit/Zahl abgesetzter Eier: März–April, 3.000, große Weibchen auch bis 7.000.

Das markanteste Merkmal der Äsche, die auch als Europäische Äsche bezeichnet wird, ist ihre hohe, fast überdimensional wirkende Rückenflosse. Diese wird auch „Äschenfahne“ genannt und zeigt bei den männlichen Individuen eine nach hinten spitz auslaufende Form. Des Weiteren besitzen Äschen die für alle Salmoniden typische Fettflosse. An dem relativ kleinen Kopf steht der Oberkiefer leicht vor. Ihre wissenschaftliche Bezeichnung „Thymallus“ erhielt die Äsche aufgrund ihres Fleisches, das einen schwachen Thymiangeruch (lateinisch Thymian = Thymus) verströmt.

Juvenile Äsche

Unter allen einheimischen Fischarten reagiert die Äsche am empfindlichsten auf Umweltverschmutzungen. Deshalb war die zunehmende Wasserverunreinigung in den letzten Jahrzehnten auch der Hauptgrund, warum die Äschenpopulationen vielerorts rückläufige Tendenzen aufwiesen oder sogar völlig zusammenbrachen.

Äschen sind sehr standorttreu. Außerhalb der Laichzeit leben jüngere Exemplare häufig in kleinen Gruppen mit Artgenossen zusammen. Diese halten sich gern unter versunkenen Ästen sowie überhängenden Uferabschnitten auf. Ältere Exemplare führen des Öfteren eine einzelgängerische Lebensweise.

Die Geschlechtsreife setzt im 3.–4. Lebensjahr ein. Sobald das Wasser im März eine Temperatur von 8 °C erreicht, kommen diese Fische in Paarungsstimmung. Dabei wird ihr Körper etwas dunkler und die Bauchregion sowie die Flanken beginnen, leicht rötlich zu schimmern. Außerdem nimmt die Farbintensität in den Flossen zu. Die Männchen besetzen auf Kiesbänken Reviere, die sie energisch gegen Nebenbuhler verteidigen. Die Eiablage erfolgt über lockerem sauberem Flusskies. Zu diesem Zweck schmiegt sich das Weibchen eng an den Kies und presst ihre Eier heraus, die sofort von dem Männchen besamt werden.

Im Anschluss übernimmt das Männchen die Bewachung und Verteidigung des Geleges, aus dem nach 3–4 Wochen die Larven schlüpfen. Diese bleiben so lange in den zwischen den Kieselsteinen vorhandenen Spalten verborgen, bis ihr Dottersackinhalt aufgezehrt ist. Danach halten sie sich in flachen Uferabschnitten auf, weil sie dort besser vor Nachstellung durch Fressfeinde geschützt sind.

Äschen beim Laichen

Atlantischer Lachs

Salmo salar

Familie: Lachsfische, Salmonidae

Verbreitungsgebiet: Nördlicher Atlantik. Von dort wandern die Lachse zum Laichen in Flüsse, welche in die Nord- und Ostsee, ins Europäische Nordmeer sowie in die westliche Barentssee münden.

Bevorzugte Biotope: als Jungtiere kalte, saubere Fließgewässer; als Erwachsene kühlere Atlantikbereiche

Länge in cm (Maul bis Schwanzende): 70–95, Ausnahmeexemplare auch bis 150

Hauptnahrung: Jungtiere fressen Kleinkrebse, Insekten und Würmern, mit zunehmender Größe werden immer häufiger Fische erbeutet.

Laichzeit/Zahl abgesetzter Eier: Oktober–Februar, 2.000 pro kg Körpergewicht

Für die unterschiedlichen Altersformen des Atlantischen Lachses existieren verschiedene umgangssprachliche Bezeichnungen. So nennt man Individuen, die maximal zwei Jahre alt sind, „Parr“.

Diese Fische weisen eine charakteristische senkrecht verlaufende dunkle Balkenzeichnung an ihren Flanken auf. Dagegen handelt es sich bei den „Smolts“ um Lachse, die ihre erste Wanderung ins Meer durchführen. Als "Grilse" werden Lachse bezeichnet, die erstmalig zum Laichen in die Flüsse zurückkehren. Zuvor haben diese Fische meist eineinhalb bis vier Jahre im Meer verbracht.

Atlantische Lachse lassen sich nur äußerst schwer von Meer-, *Salmo trutta trutta*, und Seeforellen, *Salmo trutta lacustris*, unterscheiden. Der Schwanzstiel des Lachses ist länger, dünner und im Querschnitt runder und seine Schwanzflosse deutlich eingebuchteter als bei der Meerforelle. Des Weiteren weist der im Gaumendach befindliche vordere Bereich des Pflugscharbeins beim Lachs keine Bezahnung auf, während die Forellen über eine solche verfügen.

Zum Laichen ziehen die Lachse in riesigen Schwärmen stets in jene Fließgewässerabschnitte, in denen sie einst als Larve das Licht der Welt erblickten. Der Aufstieg in die Flüsse findet zu verschiedenen Jahreszeiten statt. In Abhängigkeit von dem Zeitpunkt der Wanderung bezeichnet man die Tiere auch als Sommer- und Winterlachse, wobei letztere erst im folgenden Herbst laichen. Vor Beginn dieser Wanderung haben sie sich große Fettreserven als Energiespeicher angefressen (denn obwohl der Beißreflex noch einige Wochen erhalten bleibt, erfolgt während der Wanderung keinerlei Nahrungsaufnahme). Diese Reserven dienen nicht nur zur Ausbildung der Geschlechtsprodukte, sondern geben den Lachsen auch die nötige Kraft, Hindernisse, wie etwa Wehre oder kleine Wasserfälle, mit bis zu 4 m hohen Sprüngen zu überwinden.

Im Laichgewässer angekommen, schlägt das Weibchen mit der Schwanzflosse auf kiesigem Untergrund eine bis 30 cm tiefe Grube, die zur Aufnahme der Eier dient. Das Ablaichen erfolgt über mehrere Tage hinweg. Nach jedem Ablaichen wird die Grube mit Kieselsteinen überdeckt, wodurch die Eier besser vor Fressfeinden geschützt sind. Später gräbt das Weibchen eine neue Grube für den nächsten Ablaichakt. Viele Lachse verbrauchen ihre gesamte Energie während des Ablaichens und sterben danach.

Junglachs, ein sogenannter „Parr“

Je nach Wassertemperatur schlüpfen die Larven nach ein bis fünf Monaten. In dem folgenden Monat ernähren sie sich von ihrem Dottersackinhalt. Anschließend verbringen die Junglachse zwei bis fünf Jahre im Süßwasser, bevor sie ins Meer wandern.

Lachse beim Laichaufstieg

Lachslarve

Junglachs, 10 Wochen alt

Bachforelle

Salmo trutta fario

Familie: Lachsfische, Salmonidae

Verbreitungsgebiet: Mit Ausnahme Griechenlands, Korsikas, Sardiniens und Siziliens erstreckt sich der Lebensraum über ganz Europa bis in die Türkei und zum Kaukasus. Gebietsweise in Nordamerika, Afrika, Australien und Neuseeland durch den Menschen ausgesetzt.

Bevorzugte Biotope: Kühle (Wassertemperatur darf nicht über 20 °C steigen), saubere, sauerstoffreiche Fließgewässer. Außerdem in kalten (Gebirgs-)Seen.

Länge in cm (Maul bis Schwanzende): 20–30, in Ausnamefällen bis 100

Hauptnahrung: Bachflohkrebse, Insektenlarven, tierische Anflugnahrung, Lurche und deren Larven sowie kleinere Fische, dabei neigt die Bachforelle auch zum Kannibalismus.

Laichzeit/Zahl abgesetzter Eier: Oktober–Januar, 1.000–2.500

Für die in ihrem Bestand gefährdete Bachforelle, die vielerorts von der aus Amerika eingeführten Regenbogenforelle, *Oncorhynchus mykiss*, verdrängt wurde, sind regional auch die Bezeichnungen Flussforelle, Bergforelle und Fario gebräuchlich. Kleinwüchsige Exemplare, die in nahrungsärmeren Gewässern leben, werden auch Steinforellen genannt.

Ältere männliche Individuen bilden den für fast alle Lachsfische typischen Laichhaken aus. Dabei handelt es sich um einen hakenähnlich aufwärts gerichteten Unterkiefer.

Im Unterschied zur Regenbogenforelle besitzt die Bachforelle rote Flecken an ihren Flanken. Der Bach-, Salvelinus fontinalis, sowie der Seesaibling, Salvelinus alpinus, haben an den Brustflossen weiße Vorderränder, welche bei der Bachforelle nicht vorhanden sind.

Bei der Bachforelle handelt es sich um einen scheuen, aber zugleich sehr standorttreuen Fisch, der sich gern im Uferschatten oder unter überhängender Vegetation aufhält und mit dem Kopf gegen die Strömung „steht". Der jeweilige Standort und ein kleiner darum befindlicher Bereich werden von den erwachsenen Forellen als Revier beansprucht und verteidigt. Im Rahmen dieser Standortbesetzungen werden schwächere Artgenossen von den stärkeren fast immer in weniger futterergiebige Gewässerabschnitte abgedrängt. Bachforellen verfügen über ein hervorragendes Sehvermögen, das es ihnen – im Unterschied zu den meisten anderen Lachsfischen – erlaubt, auch nachts Beute zu jagen.

Bachforelle, 30 mm

Bachforellen erreichen die Geschlechtsreife zwischen dem dritten und vierten Lebensjahr. Zur Paarungszeit, in welcher vor allem die Männchen ihre Färbung intensivieren, wandern die Forellen gewässeraufwärts, um auf überströmten Kiesbänken im Flachwasserbereich zu laichen. Mit kräftigen Schwanzschlägen sowie mithilfe der Wasserströmung entfernt das Weibchen Feinsediment, bis nur noch grobes Geröll in der Laichgrube vorhanden ist.

Nachdem das Weibchen die Eier ausgestoßen hat, werden diese sofort vom Männchen besamt. Da der Laich in mehreren Schüben abgesetzt wird, bedeckt das Weibchen vor dem Weiterbau der Laichgrube die bereits abgelegten Eier mit Kies. Bis zum Schlupf der Larven vergehen 2,5 bis 4 Monate. Die Larven verbleiben zunächst in den Kieslücken und zehren ihren Dottersackvorrat auf. Danach beginnen sie, tierische Nahrung zu jagen.

Rogner prüft mit der Afterflosse das Laichsubstrat.

Bachsaibling

Salvelinus fontinalis

Familie: Lachsfische, Salmonidae

Verbreitungsgebiet: Ursprünglich nur in den östlichen Bundesstaaten der USA sowie im östlichen Kanada verbreitet, wird dieser Fisch 1884 nach Europa und später auch nach Asien eingeführt.

Bevorzugte Biotope: Kalte, sauerstoffreiche fließende Gewässer. Darüber hinaus werden auch Seen besiedelt, die ebenfalls sehr kaltes, sauerstoffreiches Wasser führen.

Länge in cm (Maul bis Schwanzende): 20–45, Ausnahmeexemplare bis 85

Hauptnahrung: Würmer, Insektenlarven, Schnecken, Bachflohkrebse, tierische Anflugnahrung. Größere Exemplare erbeuten auch kleinere Fische. Unter letzteren befinden sich gelegentlich auch kleinere Artgenossen.

Laichzeit/Zahl abgesetzter Eier: Oktober–März, etwa 2.000 pro kg Körpergewicht

Der gelegentlich auch als Amerikanischer Saibling bezeichnete Bachsaibling ist einer der farbenprächtigsten Lachsfische. Dabei sind oft nicht nur zwischen den einzelnen Populationen Farbunterschiede vorhanden, sondern die Farben verändern sich auch innerhalb des Jahres, wobei die Fische zur Laichzeit besonders bunt sind. Ein sehr charakteristisches Merkmal des Bachsaiblings ist seine breite Maulspalte, die bis hinter die Augen reicht. Des Weiteren befindet sich an den Vorderrändern der Afterflosse sowie der Bauch- und Brustflossen ein weißschwarzer Saum.

Bachsaiblinge kreuzen sich auch im Freiland mit Bachforellen, *Salmo trutta fario*. Die daraus hervorgehenden sterilen Hybriden bezeichnet man als Tigerforellen oder -fische, welche eine sehr markante goldgelbe-dunkelgraue Fleckenzeichnung aufweisen.

Eine weitere Kreuzungsform ist der sogenannte Elsässer Saibling, der aus der Verpaarung von Bach- und Seesaibling, *Salvelinus alpinus*, hervorging.

Bezüglich der Lebensräume und des Nahrungsspektrums konkurriert der Bachsaibling mit der Bachforelle. Im Vergleich zu dieser ist er jedoch ein Freiwasserfisch und benötigt keinen Unterstand für seine Jagden. Dieser Aspekt führte dazu, dass der Bachsaibling mancherorts die Bachforelle verdrängte. Er ist sogar in der Lage, Fließgewässer zu besiedeln, an denen zuvor stärkere wasserbauliche Veränderungen (insbesondere Uferbegradigungen) durchgeführt wurden. Außerdem erweist sich der Bachsaibling gegenüber niedrigen pH-Werten des Wassers etwas toleranter. Allerdings ist er im Vergleich zur Bachforelle weniger wärmetolerant. Deshalb verkraftet der Bachsaibling Wassertemperaturen ab 22 °C nicht über einen längeren Zeitraum.

Bachsaiblinge werden im Durchschnitt 8–10 Jahre alt. Die männlichen Exemplare erreichen nach zwei und die weiblichen nach drei Jahren die Geschlechtsreife. Das Ablaichen erfolgt in einem stark überströmten Kiesbett, in welchem das Weibchen mittels ihrer Schwanzflosse und des Schwanzstiels eine flache Laichgrube schlägt. Nach dem Ablaichen wird diese Grube mit Sand und/oder Kies abgedeckt. Die Larven benötigen bei einer durchschnittlichen Wassertemperatur von 5 °C rund 100 Tage für ihre Entwicklung. Nach dem Schlupf ernähren sie sich etwa 40 Tage von ihrem Dottersackinhalt, bevor sie zu einer Futteraufnahme übergehen, bei der anfangs Zooplankton und winzige Insektenlarven erbeutet werden.

Tigerfisch

Bachschmerle

Barbatula barbatula

Familie: Bachschmerlen, Nemacheilidae

Verbreitungsgebiet: Von den Britischen Inseln über Frankreich und Mitteleuropa bis zum Ural, zum Balkan und bis Südskandinavien. Fehlt auf der Iberischen Halbinsel sowie in Italien und Griechenland.

Bevorzugte Biotope: Klare, schnell fließende Gewässer mit sandigem beziehungsweise kiesreichem Untergrund sowie (seltener) die Uferregionen von Seen. Außerdem auch in der Ostsee anzutreffen.

Länge in cm (Maul bis Schwanzende): 8–2, im Extremfall bis 16. Die Männchen haben größere Brustflossen, bleiben etwas kleiner und sind schlanker als die Weibchen.

Hauptnahrung: Kleinkrebse, Insektenlarven, Würmer, Egel und Fischlaich

Laichzeit/Zahl abgesetzter Eier: April–Mai, 2.000–3.000

Die Bachschmerle wird auch als Stein- oder Bartgrundel bezeichnet. Sie besitzt einen langgestreckten, fast drehrunden Körper, an dem lediglich der Schwanzstiel seitlich zusammengedrückt ist. Zwei typische Erkennungsmerkmale sind die 6 am Oberkiefer verteilten Barteln, die eine Länge von nur wenigen Millimetern aufweisen, sowie die helle Seitenlinie, die sich gut von den dunkel gefleckten Flanken abhebt.

Die bis 7 Jahre alt werdenden Bachschmerlen führen eine stationäre, stark bodenorientierte Lebensweise. Ihre Hauptaktivitäten konzentrieren sich auf die Dämmerungs- und Nachtstunden. Die hellen Tagstunden verbringen sie in Verstecken, welche sich beispielsweise unter Wurzelhölzern oder Steinen befinden. Während der kalten Jahreszeit halten sie Winterruhe, die sie – oftmals gemeinsam mit zahlreichen Artgenossen – ebenfalls in höhlenartigen Verstecken verbringen.

Geringfügige Wasserverschmutzungen werden toleriert. Nehmen diese zu, wandern die Bachschmerlen ab. Sie kommen aber schnell zurück, sobald sich die Wasserqualität wieder verbessert.

Vor wenigen Jahren wurden Bachschmerlen im Höhlensystem des Aachtopfs (Baden-Württemberg) entdeckt. Diese Exemplare besaßen keine Pigmente mehr und hatten stark zurückgebildete Augen. Derartige Merkmale sind auch für andere Höhlen bewohnende Fische, wie beispielsweise für den Mexikanischen Höhlensalmler, *Astyanax fasciatus mexicanus*, typisch. Parallel zu den rückgebildeten Augen, die als Sinnesorgane in der Dunkelheit der Höhlen ohnehin untauglich wären, haben sich die Barteln verlängert und die hinteren Nasenöffnungen vergrößert. Dadurch können diese beiden Sinnesorgane mehr Umweltreize wahrnehmen und visuellen Sinn größtenteils kompensieren.

Bachschmerlen werden nach 1–3 Jahren geschlechtsreif. Zur Paarungszeit erscheint bei beiden Geschlechtern an den Flossen und dem Rumpf Laichausschlag. Abgelaicht wird über steinig-kiesigem Untergrund, wobei oft Stellen ausgewählt werden, an denen sich zusätzlich Pflanzen befinden. Bei der Paarung umschlingen sich die Partner. Das Weibchen stößt seinen Eiervorrat nicht auf einmal, sondern verteilt über mehrere Tage aus. Anschließend bewacht das Männchen die Ablaichstelle, ohne jedoch aktive Brutpflege zu betreiben. Es dauert etwa eine Woche, bis die Larven schlüpfen. Während ihres folgenden, 2- bis 3-tägigen Dottersackstadiums verhalten sie sich weitgehend reglos. Nach dieser Zeit beginnen sie, Zooplankton aufzunehmen.

Ein ganz charakteristisches Merkmal sind die 6 am Oberkiefer verteilten Barteln.

Barbe

Barbus barbus

Familie: Karpfenfische, Cyprinidae

Verbreitungsgebiet: Mit Ausnahme der Alpen, Skandinaviens, Teilen Griechenlands, Bulgariens und Großbritanniens überall in Europa heimisch. Die östlichsten Verbreitungsgrenzen der Barbe bilden der Dnepr (Ukraine) und der Pregel (Russland).

Bevorzugte Biotope: Saubere, sauerstoffreiche Fließgewässer, die eine starke Strömung aufweisen.

Länge in cm (Maul bis Schwanzende): 30–50, Ausnahmeexemplare bis über 100. Die Männchen sind im Normalfall kleiner als die Weibchen.

Hauptnahrung: Insektenlarven, Würmer, Schnecken, Muscheln und gelegentlich Fischbrut sowie zarte Pflanzenteile

Laichzeit/Zahl abgesetzter Eier: Mai–Juli, 3.000–9.000

Die Barbe wird auch als Flussbarbe, Barbel und Pigge bezeichnet. Typisch sind eine lang ausgezogene Kopfpartie mit dem unterständigen, rüsselartigen Maul sowie die daran vorhandenen vier Barteln. Davon befinden sich zwei am Rand der Oberlippe und zwei an den unteren Mundwinkeln. Brust-, Bauch- und Afterflosse sowie der untere Bereich der Schwanzflosse weisen manchmal eine rötliche Färbung auf. Die Rückenflosse und der obere Bereich der Schwanzflosse sind stets farblos oder schwach graugrün. Im Unterschied zu der auf der Iberischen Halbinsel, in Norditalien und Osteuropa vorkommenden (kleiner bleibenden) Forellenbarbe, *Barbus meridionalis*, weist die Barbe keine marmorähnliche Fleckenzeichnung auf ihrem Rücken und in der Schwanzflosse auf.

Bei der Barbe handelt es sich um einen geselligen Fisch. Sie hält sich vorzugsweise in Bodennähe auf und „steht" während des Sommerhalbjahres gern in der Strömung, beispielsweise unter Wehren oder hinter Brückenpfeilern. In der kalten Jahreszeit halten die Barben Winterruhe. Zu diesem Zweck begeben sie sich an tiefere, geschützte Stellen, beispielsweise unter Wurzeln oder Totholz, wo entweder keine oder nur eine geringe Strömung vorhanden ist.

Barben können bis zu 15 Jahre alt werden. Männliche Exemplare erreichen nach 2–3 Jahren die Geschlechtsreife, während die weiblichen dafür zumeist 4–7 Jahre benötigen. Zur Paarungszeit bildet sich bei den Männchen Laichausschlag an Kopf und Rücken. Die Barben wandern dann in Schwärmen flussaufwärts, um ihre Eier in kieshaltigen Laichgruben zu deponieren, welche sich in der Strömung befinden. Wenngleich die Barben zu zweit ablaichen, werden die Paare dabei fast immer von weiteren (manchmal mehr als 100!), als „sneaker" bezeichneten Männchen umlagert. Diese versuchen die Gunst der Stunde zu nutzen und ihre Spermien mit über das Gelege zu spritzen. Oftmals verbleiben die Eier nicht dauerhaft in der Laichgrube, sondern werden durch die Strömung in Ritzen und Spalten gespült, welche sich zwischen den Kieselsteinen befinden. Vom Laichen bis zum Schlüpfen der Larven dauert es etwa 2 Wochen. Nach dem Aufzehren des Dottersackinhalts beginnen die Larven Zooplankton zu fressen und wandern flussabwärts.

Sowohl das umgebende Bauchfleisch der Barbe als auch ihre Eier sind vor allem kurz vor dem Ablaichen für den menschlichen Verzehr ungeeignet, da sie Giftstoffe enthalten, welche Erbrechen und Durchfälle verursachen.

Männchen in Prachtfärbung

Bitterling

Rhodeus amarus

Familie: Bitterlinge, Acheilognathidae

Verbreitungsgebiet: vom Alpenrand bis Frankreich und Südengland sowie in östliche Richtung bis zum Kaspischen Meer, fehlt in Skandinavien

Bevorzugte Biotope: Wärmere, langsam fließende und stehende Gewässer, die einen üppigen Unterwasserpflanzenbestand sowie sandigen oder schlammigen Untergrund aufweisen. Die wichtigste Voraussetzung besteht darin, dass sich in diesen Gewässern auch Maler-, *Unio pictorum*, und/oder Große Teichmuscheln, *Anodonta cygnea*, dauerhaft angesiedelt haben.

Länge in cm (Maul bis Schwanzende): 6–8, Ausnahmeexemplare auch bis 9

Hauptnahrung: Zarte pflanzliche Komponenten, Würmer, Kleinkrebse und Insektenlarven. Außerdem plündert der Bitterling Laich und stellt Fischlarven nach.

Laichzeit/Zahl abgesetzter Eier: April–Juni, 40–100

Der Bitterling, auch als Europäischer Bitterling, Bitterkarpfen sowie Schneiderkarpfen bezeichnet, erhielt seinen Populärnamen aufgrund seines bitter schmeckenden Fleisches.

Im Alter von 2–3 Jahren wird die Geschlechtsreife erreicht. Am einfachsten sind die Geschlechter während der Paarungszeit zu identifizieren. Das schmalere Männchen intensiviert dann seine Färbung. Ein Großteil des Körpers schillert während dieser Zeit regenbogenfarben und die Bauchpartie glänzt rötlich. Bei dem schlicht gefärbten Weibchen lässt sich die Genitalpapille gut erkennen.

Das hochspezialisierte Laichverhalten dieses Fisches ist äußerst beeindruckend.

Sobald das Wasser zur Laichzeit eine Temperatur von mindestens 17 °C erreicht, lösen die während der restlichen Zeit des Jahres gesellig lebenden Bitterlinge ihre kleinen Schwärme auf. Die Männchen suchen eine Maler- oder Teichmuschel, deren unmittelbare Umgebung fortan als Revier gegen Nebenbuhler verteidigt wird. Vor der Eiablage wird die Muschel viele Male vom Milchner attackiert, bis sie bei einem Berührungsreiz die Schalen nicht mehr schließt. Dadurch verhindert das Männchen, dass die Legeröhre des Weibchen bei der Eiablage von der Muschel eingeklemmt wird. Das Weibchen stülpt seine 5–9 cm lange bewegliche Legeröhre (Ovipositor) nach außen und deponiert mit deren Hilfe mehrere Eier durch den Kloakensyphon in den Kiemenraum der Muschel. Unmittelbar darauf gibt der männliche Bitterling seine Spermien ab, die mit dem Atemwasser ins Innere der Muschel gelangen und dort die Eier befruchten. Dieser Vorgang wird so lange wiederholt, bis das Weibchen sämtliche Eier abgegeben hat. Die weiteren Lebensabläufe der Muscheln werden nicht dadurch beeinträchtigt, dass sie den Bitterlingen als Kinderstube dienen.

Wie in einem Tresor von den Muschelschalen geschützt, werden die Eier und später auch die Larven ständig von sauerstoffreichem Atemwasser umspült. Erst wenn die jungen Bitterlinge nach etwa 2–3 Wochen ihre Larvalentwicklung weitgehend abgeschlossen haben, verlassen sie den schützenden Kiemenraum der Muschel.

Zwischen dem Bitterling und der Muschel besteht eine symbiotische Beziehung.

Bitterlinge beim Laichen

Als Symbiose bezeichnet man das ständige oder zeitweise Zusammenleben von unterschiedlichen Tierarten, das auf einen gegenseitigen Vorteil ausgerichtet ist.

Die Bitterlinge dienen der Muschel ebenfalls als Kinderstube. Diese stößt im Frühjahr ihre Larven ins Wasser aus, welche gezielt Fische, darunter häufig auch Bitterlinge, suchen. An deren Kiemen schmarotzen sie eine Zeit lang, ohne dabei die Bitterlinge ernsthaft zu schädigen.

Juvenile Bitterlinge verlassen die Wirtsmuschel.

Blaubandbärbling

Pseudorasbora parva

Familie: Gründlingsverwandte, Gobionidae

Verbreitungsgebiet: Ursprünglich nur von Korea über Japan, Ostsibirien und Ostchina bis nach Taiwan heimisch. 1960 wurde diese Art vermutlich unabsichtlich nach Rumänien eingeschleppt, von wo aus sich der Blaubandbärbling über Ungarn und Kroatien bis Mitteleuropa verbreitete.

Bevorzugte Biotope: Blaubandbärblinge haben sich als extrem anpassungsfähig erwiesen, denn sie konnten sich sowohl in stehenden als auch in fließenden Gewässern dauerhaft etablieren. Lediglich Gewässer mit sehr schneller Strömung werden meist gemieden. Eine besondere Vorliebe haben diese Fische für die ufernahen Bereiche von eutrophierten Gewässern, die eine geringere Sichttiefe und reichlich Vegetation aufweisen.

Länge in cm (Maul bis Schwanzende): Sehr variabel von 4–10, in Ausnahmefällen auch bis 12, wobei die Männchen häufig etwas länger sind.

Hauptnahrung: Insekten und deren Larven, Jungfische, Fischlaich sowie gelegentlich Algen. Bei Mangel an tierischen Komponenten ist ein Anstieg an aufgenommenen Algen zu verzeichnen.

Laichzeit/Zahl abgesetzter Eier: März–Juni (die Weibchen laichen während dieser Zeit oft 3- bis 4-mal ab), 300–3.000

Der Populärname dieses schwimmfreudigen Fisches leitet sich von einem fast gerade verlaufenden dunklen Längsstreifen ab, der sich von der Nase bis zur Schwanzflosse erstreckt. Allerdings hat dieser Streifen eher eine schwärzliche, statt eine blauschwarze Färbung. Trotz seiner kleinen Maulspalte stellt der Blaubandbärbling einen ernstzunehmenden Nahrungskonkurrenten für zahlreiche alteingesessene Fischarten, insbesondere deren Junge, dar.

Besonders erwähnenswert sind die lauten knackenden Geräusche, die Blaubandbärblinge vor allen nachts abgeben. Diese sind über mehrere Meter hörbar, wobei ihre Bedeutung bis jetzt noch nicht eindeutig entschlüsselt werden konnte. Wenngleich sich Blaubandbärblinge während der Sommermonate bei Wassertemperaturen von 18–24 °C am wohlsten fühlen, sind sie in der Lage, auch über längere Zeit problemlos 30 °C zu überstehen.

Die meiste Zeit des Jahres leben Blaubandbärblinge sehr gesellig mit ihren Artgenossen in Schwärmen zusammen. Das ändert sich zur Laichzeit. Die Männchen, an deren Köpfen ein Laichausschlag in Form von sehr großen, teilweise dornartig aussehenden Knötchen erscheint, nehmen zu dieser Zeit eine bläulich graue Färbung an. Sie besetzen Reviere, welche gegen Nebenbuhler verteidigt werden. Im Zentrum dieser Reviere wird mit dem Maul eine auf Steinen oder Pflanzen befindliche Fläche gesäubert, die als Laichplatz dient. Danach versucht jedes Männchen, mit auffälligem Imponiergehabe laichwillige Weibchen in sein Revier zu locken. Die kettenartig miteinander verbundenen, klebrigen Eier werden in 3–4 Portionen ausgestoßen (jede dieser Ketten kann bis zu 340 Eier enthalten). Nach dem Laichen übernimmt das Männchen die Bewachung des Geleges, aus dem bei einer Temperatur von 20 °C nach 6–8 Tagen die Larven schlüpfen. Nach weiteren zwei Tagen beginnen sie mit der Nahrungsaufnahme. Das anschließende Wachstum verläuft sehr schnell, sodass die jungen Blaubandbärblinge nach einem Monat oft schon eine Länge von 2–2,5 cm erreichen.

Brachse

Abramis brama

Familie: Weißfische, Leuciscidae

Verbreitungsgebiet: von Großbritannien, Frankreich und dem nördlichen Alpenrand bis Skandinavien (außer Norwegen) und zum Kaspischen Meer

Bevorzugte Biotope: Stehende und langsam fließende (häufig eutrophierte) Gewässer, die oft umfangreiche Algenbestände und ein schlammiges Bodensubstrat aufweisen. Gelegentlich dringt die Brachse bis ins Brackwasser vor.

Länge in cm (Maul bis Schwanzende): 25–40, im Ausnahmefall 90

Hauptnahrung: Neben Würmern, Schnecken, Muscheln, Wasserinsekten sowie deren Larven werden auch Wasserpflanzen gefressen.

Laichzeit/Zahl abgesetzter Eier: April – Juni, 150.000–300.000

Regional wird die Brachse auch als Brasse, Brachsen, Brachsme, Bresen, Pliete und Blei bezeichnet. Des Öfteren wird sie mit dem nahverwandten Güster, Blicca bjoerkna, verwechselt. Dessen Augen stehen jedoch weiter vorn und der Maulbereich ist nicht länger als der Augendurchmesser. Außerdem weisen die Ansatzstellen seiner Brust- und Bauchflossen eine rötliche Färbung auf. Gelegentlich kommt es sogar zur Paarung zwischen Brachsen und Güstern. Die Nachkommen zeigen dann zumeist intermediäre Merkmalsausprägungen.

Der ebenfalls eng mit der Brachse verwandte Zobel, *Ballerus sapa*, sowie die Zope, *Ballerus ballerus*, besitzen deutlich längere Afterflossen. Manchmal werden junge Brachsen auch für Bitterlinge, Rhodeus amarus, gehalten. Bei Letzterem zieht die Seitenlinie aber nur über wenige Schuppen, während sie sich bei der Brachse über die gesamte Flanke erstreckt.

Brachsen halten sich sehr gern in kleinen Schwärmen an tieferen Stellen des Uferbereiches auf, wo sie den Untergrund mit ihrem weit vorstülpbaren Maul intensiv nach Nahrung durchsuchen. Kommt es zu allmählichen Gewässerverschmutzungen, werden diese von den Brachsen häufig recht problemlos toleriert. In Gewässern, in denen sich Brachsen aufgrund eines fehlenden Fressfeinddrucks ungehemmt vermehren können, tritt mit fortschreitender Zeitdauer bei fast allen Individuen Zwergenwuchs auf, der auch als Verbuttung bezeichnet wird. Solche „Zwerge" sind oftmals nicht länger als 10 cm und besitzen überdimensional große Augen.

Bei Brachsen setzt die Geschlechtsreife nach 3–4 Jahren ein. Zur Laichzeit ist mit Ausnahme der Rückenflosse der gesamte Körper der Männchen von grießartigem Laichausschlag überzogen, der an Kopf und Vorderkörper besonders deutlich hervortritt. Damit die Brachsen in Paarungsstimmung kommen, muss die Wassertemperatur mindestens 15 °C betragen. Erfolgt ein plötzlicher Kälteeinbruch, stoppen die Brachsen ihre Laichaktivitäten und setzen diese erst bei steigenden Temperaturen fort.

Zum Ablaichen schwimmen die Brachsen bevorzugt zu Pflanzenbeständen in die Flachwasserzonen. Fehlen Pflanzen zum Ablegen der Eier, werden diese an Wurzeln und/oder großen Steinen deponiert. In Abhängigkeit von der Wassertemperatur vergehen bis zum Schlüpfen der Larven 3–12 Tage. Diese bleiben mithilfe spezieller, am Kopf befindlicher Klebedrüsen weiterhin ab dem Laichsubstrat haften. Nach 4–6 Tagen ist ihr Dottersackvorrat aufgezehrt und die jungen Brachsen begeben sich auf Nahrungssuche.

Juvenile Brachse

Dickkopfelritze

Pimephales promelas

Familie: Weißfische, Leuciscidae

Verbreitungsgebiet: Ursprünglich von Nordmexiko über die USA bis nach Südkanada heimisch. Nach Europa eingeschleppt, ist diese Art inzwischen in Deutschland, Frankreich, Belgien und den Niederlanden nachgewiesen. Die vor einem Jahrzehnt in Großbritannien vorhandenen Populationen sind wahrscheinlich erloschen.

Bevorzugte Biotope: Stehende und langsam fließende, wärmere (oftmals trübe) Gewässer, in denen häufig schlammiger Untergrund vorhanden ist. Stellenweise wurde die Dickkopfelritze auch schon im Brackwasser gefunden.

Länge in cm (Maul bis Schwanzende): 7–10 cm, in Ausnahmefällen bis 12

Hauptnahrung: Insekten, Kleinkrebse, Würmer, Algen, Detritus und Fischlaich

Laichzeit/Zahl abgesetzter Eier: April–Juli, 5.000–11.000

Zwischen der auch als Dickkopf-Kärpfling, Amerikanische Dickkopfelritze und Goldelritze bezeichneten Dickkopfelritze und der Elritze, *Phoxinus phoxinus*, bestehen lediglich sehr weitläufige verwandtschaftliche Beziehungen. Das zeigt sich unter anderem darin, dass die Dickkopfelritze auch gut in sauerstoffärmerem Wasser leben kann, während die Elritze sauerstoffreicheres benötigt.

Die Populärbezeichnung „Dickkopfelritze" rührt von einer morphologischen Veränderung her, die während der Laichzeit am Hinterkopf und Nacken der geschlechtsreifen Männchen zu beobachten ist. Diese zeigen dann nicht nur einen weißen, knötchenartigen Laichausschlag, sondern an der Hinterkopf-Nacken-Region entwickelt sich auch ein schwammartiges Gewebe, das nach der Laichsaison vollständig zurückgebildet wird. Außerdem produzieren die paarungsbereiten Männchen mehr Körperschleim als in der restlichen Zeit des Jahres. Die Weibchen haben zur Laichzeit eine deutlich dickere Bauchpartie und ihre Legeröhre wird dann sichtbar.

Bei der Dickkopfelritze handelt es sich um eine polygynandrische Art. Das bedeutet, dass sich im Normalfall sowohl die Männchen als auch die Weibchen mit mehreren Partnern paaren.

Bei Wassertemperaturen von mindestens 18 °C beginnt das Männchen, einen Nistplatz in einer kleinen Höhle/höhlenähnlichen Umgebung, beispielsweise unter dichten Wasserpflanzenblättern oder unter Steinen, vorzubereiten. Dazu erfolgt eine Säuberung der Nisthöhle mit dem Maul. Anschließend reibt das Männchen seine Kopf-Nacken-Region an der Höhlendecke, wobei reichlich Körperschleim abgesondert wird. Dieser fungiert als Desinfektionsmittel und verhindert weitgehend, dass später die Eier von Pilzen oder Keimen befallen werden. Nach Abschluss aller Vorbereitungen wird der rings um die Bruthöhle befindliche Bereich als Revier betrachtet und äußerst energisch gegen männliche Artgenossen verteidigt. Gleichzeitig versucht das Männchen möglichst viele Weibchen anzulocken, um sich mit diesen zu paaren. Die Eier werden mittels eines daran befindlichen Klebefadens kopfüber an die Nisthöhlendecke geheftet. Das Männchen übernimmt danach die Bewachung und Betreuung des Geleges. Aus diesem schlüpfen bei einer Temperatur von 25 °C nach 4–5 Tagen die Larven.

Dickkopfelritzen können im Extremfall bis 5 Jahre alt werden. Ungeachtet dessen sterben die meisten Elternfische bereits im Alter von etwa nur einem Jahr.

Donau-Weißflossengründling

Romanogobio vladykovi

Familie: Gründlingsverwandte, Gobionidae

Verbreitungsgebiet: Donau, samt Nebenflüssen von Österreich über Ungarn bis zur Mündung ins Schwarze Meer (Rumänien und Ukraine)

Bevorzugte Biotope: Mäßig strömende, große und mittelgroße Tieflandflüsse mit sandigem oder kiesigem Bodensubstrat. Gelegentlich in Seen. Halbwüchsige wurden auch schon im Brackwasser gefunden.

Länge in cm (Maul bis Schwanzende): 8–10, maximal 12

Hauptnahrung: Insektenlarven, Kleinkrebse, Würmer, Fisch- und Lurchlaich sowie Algen

Laichzeit/Zahl abgesetzter Eier: Mai–Juni, etwa 500–1.500

Der Donau-Weißflossengründling wird oft nur als Weißflossengründling oder Weißflossiger Gründling bezeichnet. Genau wie sein enger Verwandter, der Steingreßling, *Romanogobio uranoscopus*, besitzt der Donau-Weißflossengründling an seinem unterständigen Maul beidseitig je eine Bartel, die sich ebenfalls bis kurz hinter das Auge erstreckt. Am sichersten lassen sich beide Arten anhand ihrer Kehlregion unterscheiden, welche beim Donau-Weißflossengründling im Gegensatz zum Steingreßling niemals beschuppt ist.

Die Biologie und Ökologie des Donau-Weißflossengründlings sind bisher nur äußerst fragmentiert erforscht. Die Bestände dieses Fisches zeigten im 20. Jahrhundert eine stark rückläufige Tendenz. Allerdings konnten sie sich in den vergangenen zwei Jahrzehnten auf niedrigem Niveau ein wenig stabilisieren.

Die vorwiegend nachtaktiven, in kleinen Schwärmen lebenden Donau-Weißflossengründlinge werden bis zu 6 Jahre alt und erreichen im 2. Lebensjahr die Geschlechtsreife.

Damit Donau-Weißflossengründlinge in Paarungsstimmung kommen, muss die Wassertemperatur mindestens 16 °C betragen. Abgelaicht wird in mehreren Schüben über sandigem oder sandig-kiesigem Bodensubstrat. Der Laich bleibt anschließend am Bodensubstrat oder an Wasserpflanzen kleben. Bis zum Schlupf der Larven vergehen zumeist 10–14 Tage.

Dreistachliger Stichling

Gasterosteus aculeatus

Familie: Stichlinge, Gasterosteidae

Verbreitungsgebiet: mit Ausnahme des Donaudeltas ganz Europa, Nordamerika, Nordasien sowie Teile Nordafrikas

Bevorzugte Biotope: Wärmere, pflanzenreiche, stehende sowie langsam fließende Gewässer mit weichem Untergrund. Außerdem regelmäßig im Brackwasser zu finden.

Länge in cm (Maul bis Schwanzende): 6-8, im Brackwasser auch bis 11. Die Männchen sind geringfügig kleiner.

Hauptnahrung: Würmer, Kleinkrebse, Insektenlarven sowie Fischlaich und -larven

Laichzeit/Zahl abgesetzter Eier: Mai–Juli, 100–150

Ihre Populärbezeichnung erhielt diese Art aufgrund der drei kräftigen, auf dem Rücken befindlichen Stacheln, welche phylogenetisch aus einem Teil der Rückenflosse entstanden. Allerdings sind diese Stacheln nicht immer gut sichtbar, weil sie häufig eng an den Körper gelegt werden. Neben den Rückenstacheln befindet sich auch in jeder Bauchflosse ein ebenfalls sehr kräftiger Stachel. Zuweilen helfen diese Stacheln den Stichlingen bei der Abwehr von Fressfeinden. Sie werden dann aufgestellt und verursachen bei den Angreifern Verletzungen an Maul und Lippen, worauf diese mitunter ihre Attacken beenden.

Arttypisch ist außerdem ein spitz auslaufender Kopf mit sehr großen Augen. Dreistachligen Stichlingen fehlen Schuppen, stattdessen haben sie Hautknochenplatten ausgebildet. In Abhängigkeit von der Anzahl und Verteilung dieser Knochenplatten unterscheidet man beim Stichling drei Formen. Bei der Trachurus-Form ist der Körper von 29–35 Knochenplatten bedeckt. Die Semiarmatus-Form besitzt Platten nur am vorderen Rumpf sowie auf dem Schwanzstiel. Bei der Leiurus-Form fehlen die Platten entweder gänzlich oder sind nur am vorderen Rumpf vorhanden.

Aufgrund eines nicht vorhandenen oder zu geringen Feinddrucks treten vor allem in Kleingewässern oft sehr individuenreiche Populationen auf.

Zur Laichzeit besetzen die Männchen der sonst in Schwärmen zusammenlebenden Dreistachligen Stichlinge Reviere, in denen sie weder artfremde Fische noch Nebenbuhler dulden. Im Zentrum ihrer Reviere heben die Männchen am Gewässergrund eine flache Grube aus. In dieser errichten sie ein kleines röhrenförmiges Nest, das vorwiegend aus Pflanzenteilen besteht, die mit Sekreten der Nieren zusammengeklebt wurden.

Danach halten die Männchen, deren Bauchregion sich während der Laichzeit tomatenrot verfärbt, nach ablaichwilligen Weibchen Ausschau. Erscheint ein Weibchen, versucht das Männchen diesem durch zick-zack-artige Schwimmbewegungen (auch als „Zick-Zack-Tanz“ bezeichnet) zu imponieren. Dabei präsentiert es immer wieder seinen leuchtend roten Bauch. Zeigt ein Weibchen daraufhin kein Ablaichinteresse, wird es verjagt. Falls sich das Weibchen jedoch laichwillig zeigt, lockt es das Männchen zum Nesteingang. Das Weibchen schwimmt dann ins Nest und legt die Eier ab, welche von dem unmittelbar folgenden Männchen besamt werden. Anschließend wird das Weibchen mit Kopfstößen und Bissen vertrieben. Das Nest mit den befruchteten Eiern wird dann vom Milchner mit Sand getarnt.

Während der Entwicklung der Eier „steht“ das Männchen über dem Nest und erzeugt durch Flossenfächeln eine leichte Strömung, wodurch ständig frisches Wasser über das Gelege/die Larven streicht.

Nach dem Schlupf der Larven fächert das Männchen das Nest wieder auf und bewacht die Larven und noch weiter 14 Tage die Jungfische.

Der Stichling verklebt Substrat.

Das Männchen fächelt Frischwasser zum Nest.

Der Dreistachlige Stichling tarnt sein Nest mit Sand.

Der Stichling bewacht seinen Nachwuchs.

Elritze

Phoxinus phoxinus

Familie: Weißfische, Leuciscidae

Verbreitungsgebiet: Mit Ausnahme Nordschottlands, Mittel- und Süditaliens sowie Südgriechenlands in ganz Europa sowie in Sibirien bis ins Einzugsgebiet des Amur zu Hause. Aufgrund der Umweltverschmutzung der letzten Jahrzehnte sind vielerorts die Bestände erloschen.

Bevorzugte Biotope: klare, sauerstoffreiche Fließgewässer und größere Seen von Gebirgslagen bis zur Brackwasserregion

Länge in cm (Maul bis Schwanzende): 7–10, in Ausnahmefällen auch bis 14

Hauptnahrung: Insektenlarven, Fischlaich (auch Teile des eigenen), Kleinkrebse, Algen, Anflugnahrung und Jungfische

Laichzeit/Zahl abgesetzter Eier: April–Juni, 200–1.000

Elritzen werden regional auch als Bitterfisch, Maipiere oder Pfrille bezeichnet. Ihre Seitenlinie erstreckt sich vom Kopf nur bis zur Körpermitte. Normalerweise sind bei den Elritzen sowohl der Rücken als auch die Flanken dunkeloliv- bis graugrün gefärbt. Über letztere ziehen dunkle Querbinden und oberhalb der Seitenlinie ist ein goldfarbener Längsstreifen vorhanden. Situativ können die Elritzen aber auch sehr schnell ihre Körperfarbe verändern. Im Vergleich zu vielen anderen Fischarten treten überdurchschnittlich oft Farbmutanten auf, die (nahezu) völlig goldfarben sind.

Eine farbmutierte Elritze

Elritzen in Laichfärbung

Die sehr agilen Elritzen leben in Schwärmen, die sich häufig direkt unter der Wasseroberfläche aufhalten. In der Nähe befinden sich dann aber immer Versteckmöglichkeiten, wie beispielsweise überhängende Uferabschnitte oder an der Oberfläche schwimmende dichte Pflanzenbestände, unter die die Elritzen bei drohenden Gefahren blitzschnell fliehen.

Zur Laichzeit verfärben sich die Bäuche der Männchen weinrot, ihre Flanken grünlich und auf jedem Kiemendeckel erscheint ein heller Fleck. Außerdem gehört die Elritze zu jenen wenigen Arten, bei denen beide Geschlechter grießähnlichen Ausschlag am Kopf bekommen. Dieser ist aber bei den Weibchen schwächer ausgebildet und wird deshalb mitunter nicht bemerkt.

Die in Fließgewässern lebenden Elritzen schließen sich dann zu noch größeren Schwärmen zusammen und wandern gegen die Strömung zu den Laichgründen. Diese befinden sich zu einem großen Teil in den Oberläufen der Gewässer auf flachen sandigen Kiesabschnitten. Hier setzen die Elritzen ihre Eier ab, die aufgrund ihrer klebrigen Außenhüllen an den Kieseln sowie größeren Steinen haften bleiben. Nach 4–8 Tagen schlüpfen die Larven, die sehr lichtscheu sind und sich deshalb in den folgenden 24 Stunden an dunkleren Stellen zwischen Kies/Steinen verstecken.

Danach haben sie ihren Dottersackinhalt aufgezehrt und beginnen, Jagd auf Zooplankton zu machen. Ihre Larven und Jungfische stellen eine wichtige Nahrungsgrundlage für juvenile Bachforellen und Mühlkoppen dar, deren Lebensraum sie häufig teilen. Die Elritzen werden im Alter von zwei Jahren geschlechtsreif.

Elritzenlarve

Flussbarsch

Perca fluviatilis

Familie: Echte Barsche, Percidae

Verbreitungsgebiet: Mit Ausnahme des größten Teils der Iberischen Halbinsel, des Südens Italiens und des Westens der Balkanhalbinsel in ganz Europa sowie in weiten Teilen Sibiriens heimisch. In Australien und Südafrika durch den Menschen verbreitet.

Bevorzugte Biotope: Außer in „Minibiotopen", wie etwa wasserführenden Gräben und Tümpeln, in den meisten stehenden und fließenden Gewässertypen. In Flüssen lebende Exemplare halten sich bevorzugt in der Nähe der Uferzone auf. Auch das Brackwasser wird besiedelt.

Länge in cm (Maul bis Schwanzende): 15–35, Ausnahmeexemplare auch 50–60

Hauptnahrung: Junge Exemplare ernähren sich zunächst von Insektenlarven, Würmern und Kleinkrebsen. Später werden vor allem Fischbrut und kleinere Fische erbeutet.

Laichzeit/Zahl abgesetzter Eier: März–Mai, je nach Größe des Weibchens mehrere tausend

Regional wird dieser Raubfisch auch als Europäischer Flussbarsch, Kretzer, Egli oder nur als Barsch bezeichnet. Außer in den Rückenflossen ist in allen anderen Flossen ein mehr oder weniger umfangreicher Orange- bis (kräftiger) Rotanteil enthalten. Der Rücken hat eine gräulich braune bis olivbraune Färbung, während die Flanken etwas heller sind. Ganz charakteristisch sind die 6–10 sehr breiten, dunklen Querbinden, die über den Rücken und die Flanken ziehen. Basierend auf der Intensität der Färbung sowie des bevorzugten Lebensraumes unterteilen viele Angler die in Seen lebenden Flussbarsche in

- (kräftig gefärbte) Krautbarsche, die sich vor allem in ufernahen Pflanzenbeständen aufhalten,
- (hellere, schwächer gezeichnete) Jadebarsche, die das Freiwasser bewohnen und
- (dunkler gefärbte) Tiefenbarsche, die die tieferen Wasserregionen besiedeln.

Flussbarsche wachsen ausgesprochen langsam und erreichen oft erst mit einem Alter von 8–10 Jahren eine Körperlänge von 25–30 cm. Als jüngere Exemplare bilden sie des Öfteren mit gleichaltrigen Artgenossen Jagdverbände, während kapitale Flussbarsche so gut wie immer Einzelgänger sind. Nach zwei Jahren wird die Geschlechtsreife erreicht. Damit die Flussbarsche in Laichstimmung kommen, ist eine Wassertemperatur von mindestens 8 °C erforderlich. Die in Fließgewässern lebenden Barsche wandern zu Beginn der Laichzeit zumeist eine kurze Strecke stromaufwärts. Das Weibchen bestimmt den Laichplatz und wird dorthin von einer größeren Zahl Milchner begleitet.

Die Eier sind in gallertartigen, hellen Schnüren eingebettet, welche die Weibchen im Uferbereich netzförmig an Pflanzen, Wurzeln, Äste und Steine heften. Diese Laichbänder können bis zu 1 m lang und mehrere Zentimeter breit sein.

Nach 5–10 Tagen schlüpfen die Larven, die sich zunächst zur Wasseroberfläche begeben, um ihre Schwimmblasen zu füllen. Anschließend lassen sich die Larven in tiefere, planktonreiche Wasserschichten treiben.

In Gewässern, wo Hechte, Welse und Zander fehlen, welche als natürliche Fressfeinde die Flussbarschbestände „kurz halten“, kommt es mitunter zu regelrechten Massenvermehrungen und als Folgeerscheinung zu Verbuttungen. Viele der verbutteten Exemplare spezialisieren sich dann auf das Fressen von Fischlaich und -brut, wodurch sie nicht selten massive Schäden bei den anderen Fischarten verursachen.

Rogner und mehrere Milchner ziehen zum Laichplatz.

Das Laichband

Das Laichband im Detail

Flussgrundel

Neogobius fluviatilis

Familie: Grundeln, Gobiidae

Verbreitungsgebiet: Ursprünglich war dieser Fisch nur in den Unterläufen von jenen Flüssen (beziehungsweise in deren Brackwasser) zu finden, die ins Schwarze, ins Marmara- sowie ins Asowsche Meer mündeten. Inzwischen hat sich diese Art aber auch in zahlreichen mitteleuropäischen Flüssen angesiedelt.

Bevorzugte Biotope: Fließgewässer mit sandigem oder schlammigem Untergrund

Länge in cm (Maul bis Schwanzende): 15–18, in Ausnahmefällen bis 20

Hauptnahrung: Insektenlarven, Kleinkrebse, Schnecken, Muscheln und Fischlaich

Laichzeit/Zahl abgesetzter Eier: April–Juli, 1500

Die Flussgrundel zeigt eine silbrig-cremefarbene bis graugrüne Grundfärbung. Diese wird von graubraunen Binden sowie Flecken überzogen und an den Flanken befinden sich, als unterbrochene Linie angeordnet, Pigmentflecken. Die Rückenflosse ist zweigeteilt und die Bauchflossen sind miteinander verwachsen und bilden einen Saugtrichter.

Bei der Flussgrundel handelt es sich um eine von fünf Arten aus dem Einzugsgebiet des Schwarzen und Asowschen Meeres, die in Mitteleuropa auf dem Vormarsch sind. Dabei verhielt sich die Flussgrundel sehr aggressiv und verdrängte bereits einige Fischarten, wie beispielsweise Gründlinge, *Gobio gobio*, aus deren angestammten Biotopen.

Ein Fisch, mit dem die Flussgrundel gelegentlich verwechselt wird, ist die einheimische Groppe, *Cottus gobio*. Allerdings sind deren Bauchflossen niemals trichterförmig miteinander verwachsen. Des Weiteren kommt es immer wieder zu Verwechslungen zwischen der Flussgrundel und den anderen invasiven Grundel-Arten. Eine Abgrenzung zur Marmorierten Grundel, *Proterorhinus marmoratus*, ist anhand von deren röhrenartig verlängerten vorderen Nasenöffnungen möglich, die deutlich über die Kopfkante hinausragen. Die Nackthalsgrundel, *Neogobius gymnotrachelus*, weist eine graubraune Grundfärbung auf und an ihren Flanken sind schräg angeordnete dunkle Flecken und/oder Bänder vorhanden. Kessler-Grundeln, *Neogobius kessleri*, zeigen ebenfalls eine dunkelbraune Grundfärbung, auf der sich allerdings kleine weiße Flecken befinden, und die Schwarzmund-Grundel, *Neogobius melanostomus*, besitzt einen charakteristischen schwarzen Fleck in ihrer vorderen Rückenflosse.

Flussgrundeln dürften im Freiland etwa fünf Jahre alt werden und erreichen im zweiten Lebensjahr die Geschlechtsreife. Damit diese Fische in Paarungsstimmung kommen, muss die Wassertemperatur mindestens 15 °C betragen. Gegenwärtig ist noch nicht eindeutig geklärt, ob Flussgrundeln womöglich mehrmals pro Jahr laichen.

Die Paarungsinitiative geht immer vom Männchen aus, das ein höhlenartiges Versteck, beispielsweise unter Steinen, als Laichplatz auswählt. Während dieser Zeit verfärbt sich der gesamte Körper des Männchens dunkel bis schwarz. Nach dem Ablegen des klumpig zusammengeballten Laichs verlässt das Weibchen die Höhle und das Männchen übernimmt die Bewachung und Pflege des Geleges. Potenzielle Laichräuber werden äußerst energisch und unerschrocken von dem Männchen angegriffen, welches dabei manchmal sogar Gefahr läuft, selbst zur Beute zu werden.

Frauennerfling

Rutilus pigus

Familie: Weißfische, Leuciscidae

Verbreitungsgebiet: ausschließlich in der oberen und mittleren Donau sowie deren größeren Nebenflüssen

Bevorzugte Biotope: saubere, sauerstoffreiche Fließgewässer

Länge in cm (Maul bis Schwanzende): 20–35, in Ausnahmefällen bis 50

Hauptnahrung: Würmer, Schnecken, Muscheln und Kleinkrebse

Laichzeit/Zahl abgesetzter Eier: April–Mai, 40.000–60.000

Für den Frauennerfling sind die Bezeichnungen Frauenfisch, Donaunerfling, Dörnling, Erfle sowie Pigo gebräuchlich. Sein aktueller wissenschaftlicher Name ist allerdings neueren Ursprungs, weshalb er noch häufig unter dem alten Synonym *Rutilus pigus virgo* geführt wird.

Die sehr ähnlich aussehenden Rotaugen, *Rutilus rutilus*, und Rotfedern, *Scardinius erythrophthalmus*,

Der Frauennerfling mit Laichausschlag

Juveniler Frauennerfling

besitzen eine oberständige Maulspalte, während diese beim Frauennerfling leicht unterständig ist. Der Aland, *Leuciscus idus*, besitzt ebenfalls eine nach oben gerichtete Maulspalte und hat außerdem kleinere Schuppen und eine dunklere Färbung.

Die freilebenden Bestände des Frauennerflings sind extrem stark gefährdet, was nicht nur an der Verschmutzung seiner Lebensräume, sondern vor allem an Umbaumaßnahmen liegt, die an den Flussufern durchgeführt werden. Dadurch werden oftmals die potenziellen Laichplätze vernichtet beziehungsweise so stark verändert, dass sie anschließend für den Frauennerfling unakzeptabel sind.

Frauennerflinge halten sich in kleinen Schwärmen bevorzugt in Bodennähe auf. Sie können etwa 15 Jahre alt werden, wobei die Geschlechtsreife nach 2–3 Jahren eintritt. Das wohl Bemerkenswerteste an dieser Art ist der dornenförmige, am nahezu ganzen Körper vorhandene Laichausschlag. den die Männchen bereits im Herbst zu bilden beginnen. Dieser Laichausschlag stand auch bei der Entstehung des Populärnamens „Dörnling" Pate. Zur Paarungszeit erreichen diese „Dornen" ihre maximale Ausprägung und sind dann fast 1 cm lang.

Damit wird der Frauennerfling von keinem anderen einheimischen Fisch in puncto Laichausschlag übertroffen und es verwundert auch kaum, dass sein englischer Name „cactus roach", also Kaktus-Rotauge lautet. Doch damit nicht genug. Während der Laichzeit intensivieren beide Geschlechter (die Männchen noch mehr als die Weibchen) die Färbung ihrer Schuppen. Diese schimmern dann wie geschliffene Opale, wodurch der Frauennerfling zu einem der farblich attraktivsten Weißfische wird.

Das Ablaichen erfolgt in Schwärmen. Dazu begeben sich die Frauennerflinge in ruhige, ufernahe Bereiche, in denen sich flache Kiesbänke und Unterwasserpflanzen befinden. Dort heften die Weibchen ihren klebrigen Laich an die Steine und Pflanzen. Anschließend dauert es, je nach Wassertemperatur, 4–14 Tage, bis die Larven aus den Eiern schlüpfen. Während des Aufzehrens ihres Dottersackinhalts und auch einige Zeit danach bleiben diese bevorzugt in weitgehend strömungsgeschützten Ufereinbuchtungen.

An diesem Flussufer wurden Umbaumaßnahmen mit Steinen durchgeführt.

Gemeiner Sonnenbarsch

Lepomis gibbosus

Familie: Sonnenbarsche, Centrarchidae

Verbreitungsgebiet: Ursprünglich nur vom mittleren Westen der USA bis zur Ostküste verbreitet. Inzwischen aber auch in den westlichen Bundesstaaten präsent. In Europa wurde der Gemeine Sonnenbarsch 1877 erstmalig in Frankreich ausgesetzt, wo er sich dauerhaft etablierte und schnell in weitere Länder verbreitete.

Bevorzugte Biotope: Sonnendurchflutete, stehende und langsam fließende Gewässer mit klarem Wasser und dichter Vegetation, in denen die Temperatur möglichst nicht über 25 °C steigt.

Länge in cm (Maul bis Schwanzende): zumeist 15, im Extremfall aber auch bis 30

Hauptnahrung: Wasserinsekten und deren Larven, Würmer, Schnecken, kleine Krebse, Egel, kleine/junge Fische. In geringen Mengen zarte Wasserpflanzen.

Laichzeit/Zahl abgesetzter Eier: Mai–Juli, 1.000–5.000

Der Gemeine Sonnenbarsch, gelegentlich auch Kürbiskernbarsch genannt, besitzt auf seinen Kiemendeckeln eine markante schwarze-rote Zeichnung. Diese wird, obwohl sie keinerlei Hörfunktionen hat, auch „Ohrfleck" bezeichnet und ist bei den Männchen oft etwas kräftiger gefärbt. Kurz vor der Laichzeit lassen sich die Weibchen außerdem anhand ihrer dicken Bauchregion identifizieren.

Des Öfteren zeigen die Gemeinen Sonnenbarsche ein Verhalten, welches an ein „sich sonnen" erinnert. Sie neigen sich dabei zur Seite, sodass die Sonne auf einen großen Körperbereich scheinen kann.

Damit die Gemeinen Sonnenbarsche in Ablaichstimmung kommen, muss die Wassertemperatur mindestens 16 °C betragen. Bevorzugt wird in kleinen Kolonien abgelaicht, die sich im sandigen, von zahlreichen Pflanzen durchzogenen Flachwasserbereich befinden. Innerhalb solcher Kolonien beansprucht allerdings jedes Männchen ein Revier, welches es sowohl gegen männliche Artgenossen als auch artfremde Fische äußerst energisch verteidigt.

Bei dieser Verteidigung schrecken die Gemeinen Sonnenbarsche auch nicht davor zurück, Fische zu attackieren, die deutlich größer sind als sie selbst. Nach dem Fertigstellen der Ablaichmulden erscheinen die Weibchen, die sich bis dahin in tieferen Wasserregionen aufhielten.

Anfangs werden die Weibchen noch vertrieben, aber schließlich erlauben ihnen die Männchen zur Ablaichmulde zu schwimmen. Es folgen mehrere Scheinpaarungen und schließlich der Laichakt. Anschließend werden die Weibchen wieder vertrieben und die Männchen übernehmen die Betreuung der Gelege. Indem die Väter ständig mit ihren Flossen wedeln, versorgen sie die Eier und später auch die Larven mit Frischwasser. Zumeist schlüpfen die Larven nach etwa 72 Stunden. Während der ersten 10 Lebenstage der Larven kann sie der Vater noch zusammenhalten. Einzelne Ausreißer fängt der Vater mit dem Maul ein und spuckt diese vorsichtig zu ihren Geschwistern in die Mulde zurück. Später ist er nicht mehr in der Lage, seine „Rasselbande" im Zaum zu halten. Die Jungen haben zu dieser Zeit ihren Dottersack komplett aufgezehrt und begeben sich nun selbstständig auf Nahrungssuche. Bis sie fortpflanzungsfähig sind, vergehen etwa 2 Jahre.

In kleinen Gewässern, in denen kaum/kein Fressfeinddruck herrscht, neigt der Gemeine Sonnenbarsch schnell zur Verbuttung, bildet also deutlich kleinere Exemplare aus.

Sonnenbarsch in Laichfärbung

Giebel

Carassius gibelio

Familie: Karpfenfische, Cyprinidae

Verbreitungsgebiet: Ursprünglich nur in Ostasien und Sibirien beheimatet. Später wurde der Giebel durch den Menschen in nahezu ganz Eurasien verbreitet.

Bevorzugte Biotope: Stehende und langsam fließende, nährstoffreiche Gewässer mit sandigem bis schlammigem Untergrund und reichlicher Unterwasservegetation. Auch im Brackwasser anzutreffen.

Länge in cm (Maul bis Schwanzende): 15–25, in Ausnahmefällen bis 40

Hauptnahrung: Insektenlarven, Schnecken, Muscheln, Würmer, weiche Wasserpflanzenteile

Laichzeit/Zahl abgesetzter Eier: Mai–Juli, bis 380.000

Giebel werden auch als Silberkarauschen bezeichnet. Sie mögen es, gemeinsam mit Artgenossen die flachen, von der Sonne stärker erwärmten Gewässerbereiche zu durchstreifen und dabei Nahrung zu suchen.

Es handelt sich um sehr robuste Fische, die auch in Gewässern noch gut zurechtkommen, welche einen relativ geringen Sauerstoffgehalt aufweisen.

In Europa führten die vielerorts ausgesetzten Giebel zu einem Rückgang der mit ihnen eng verwandten Karausche, *Carassius carassius*. Aufgrund ihrer Ähnlichkeit werden beide Arten auch häufig miteinander verwechselt, obwohl Karauschen ein sehr eindeutiges Identifikationsmerkmal besitzen. Im Unterschied zum Giebel befindet sich auf ihrem Schwanzstiel ein gut erkennbarer dunkler Fleck, der zumeist eine ovale Form hat.

Wenngleich die meisten Giebel gelbgrau bis silbergrau sind, treten überdurchschnittlich häufig Farbmutanten auf. Derartige Mutanten verwendete man bereits vor mehr als 2.000 Jahren als Basismaterial, um die ersten Goldfische zu züchten, welche sich bis zur Gegenwart zu dem weltweit beliebtesten Zierfisch entwickelten. Inzwischen begeistern Goldfische mit einer kaum noch zu überschauenden Anzahl an Körperformen sowie Flossen- und Farbvarianten. Im Unterschied zu dem auch als Koi bezeichneten Farbkarpfen, der sich ebenfalls einer großen Beliebtheit und Fangemeinde erfreut, besitzen Goldfische an ihrem Maul niemals Barteln.

Zu Beginn der Paarungszeit erscheint an den Köpfen der Giebel-Männchen ein weißer, körnchenähnlicher Laichausschlag. Dieser stellt ein eindeutiges Merkmal zur Unterscheidung der Geschlechter dar, welche außerhalb der Laichzeit kaum möglich ist. Eine besondere Erwähnung verdient die Tatsache, dass bei den Giebeln zwei Fortpflanzungsstrategien anzutreffen sind. So existieren Populationen, in denen sowohl Weibchen und Männchen integriert sind und sich ganz normal fortpflanzen. Von diesem unterscheiden sich reine Weibchen-Populationen, in denen die Reproduktion ausschließlich gynogentisch erfolgt. Das geschieht in der Weise, dass die Giebelweibchen als Zaungäste am Paarungsspiel anderer Karpfenfische, beispielsweise dem von Karauschen, teilnehmen und parallel mit diesen ihre Eier ausstoßen. Anschließend wird der Giebellaich von den artfremden Spermien zwar nicht im klassischen Sinne befruchtet, aber diese stimulieren die Eier zur Weiterentwicklung. Allerdings schlüpfen aus diesem Laich ausschließlich Giebelweibchen, bei denen es sich um identische Replikationen ihrer Mütter handelt.

Der Giebel ist die Stammform des Goldfisches, von dem inzwischen eine riesige Anzahl an Form- und Farbvarianten existiert.

Graskarpfen

Ctenopharyngodon idella

Familie: Xenocyprididae

Verbreitungsgebiet: Ursprünglich sehr wahrscheinlich nur in China heimisch. Die exakte natürliche Verbreitung ist heute kaum noch festzustellen, weil Graskarpfen bereits im 10. Jahrhundert in China durch den Menschen in zusätzlichen Gewässern ausgesetzt wurden. Ab 1960 wurde der Graskarpfen auch in verschiedenen Gewässern Europas und Nordamerikas ausgesetzt.

Bevorzugte Biotope: warme, tiefe, sehr langsam fließende sowie stehende Gewässer

Länge in cm (Maul bis Schwanzende): 120, in seltenen Fällen auch 150

Hauptnahrung: Jungfische fressen zunächst Zooplankton, ab einer Körperlänge von 2,5 cm beginnen sie, erste pflanzliche Nahrung aufzunehmen. Dieser pflanzliche Anteil wird immer mehr erhöht, sodass sich bereits 5–8 cm lange Exemplare ausschließlich von Wasserpflanzen inklusive größerer Algen sowie von ins Wasser hängenden weichen Uferpflanzen ernähren. Dabei bevorzugen sowohl die Jungtiere als auch die erwachsenen Individuen Jungpflanzen. In Ausnahmefällen werden auch Würmer und Fischlaich gefressen.

Laichzeit/Zahl abgesetzter Eier: Mai–Juni, 30.000–100.000

Der Graskarpfen wird auch als Weißer Amur, Grasfisch, Chinakarpfen sowie als Amurkarpfen bezeichnet. Letztere Bezeichnung kann allerdings zu Irritationen führen, weil dadurch keine eindeutige Abgrenzung zum Schwarzen Amur, *Mylopharyngodon piceus*, erfolgt.

Graskarpfen haben einen langgestreckten, spindelförmigen Körper, der von großen, locker sitzenden Schuppen bedeckt ist. Die Ränder dieser Schuppen sind dunkel gesäumt, wodurch eine Netzzeichnung entsteht, die der des Aitels, *Squalius cephalus*, ähnelt. Letzterer besitzt aber im Unterschied zum Graskarpfen eine rote Afterflosse und ebenso gefärbte Bauchflossen.

Graskarpfen zeigen erst nennenswerte Fressaktivitäten, wenn die Wassertemperatur mindestens 15 °C beträgt. Steigen die Temperaturen auf 25–30 °C, werden Graskarpfen zu regelrechten „Fressmaschinen". Sie sind dann in der Lage, täglich mehr als 150 % ihres Körpergewichts an pflanzlicher Nahrung zu vertilgen. Insbesondere in Gewässern, die einen hohen Graskarpfenbesatz aufweisen, können sich aber daraus erhebliche Probleme für die heimischen Fischpopulationen ergeben, denen wichtige Lebensgrundlagen entzogen werden. In den meisten Fällen schaffen es die Pflanzen nicht, sich in dem Maße zu regenerieren, wie sie abgeweidet werden. Sie fehlen anschließend als Laich- und Versteckplätze sowie als Nahrung für die heimischen Fische. Hinzu kommt, dass sich durch die reduzierte/fehlende Sauerstoffabgabe häufig der Sauerstoffgehalt des Wassers verringert. Dadurch erhöht sich die Gefahr, dass das Gewässer „umkippt".

In Abhängigkeit von den durchschnittlichen Wassertemperaturen dauert es 4–8 Jahre bis Graskarpfen geschlechtsreif werden. In ihren chinesischen Heimatbiotopen suchen sie zum Laichen kiesreiche Flussabschnitte auf, in denen eine starke Strömung vorhanden ist. Die anfangs 1 mm großen Eier quellen bis zu einem Durchmesser von 5 mm auf und treiben mit der Strömung flussabwärts. Bei Wassertemperaturen von 27–29 °C vergehen vom Laichen bis zum Schlupf der Larven zumeist 32–40 Stunden.

Groppe

Cottus gobio

Familie: Groppen, Cottidae

Verbreitungsgebiet: Vom Norden der Iberischen Halbinsel und dem Süden Großbritanniens, über Frankreich, Deutschland, Polen und Südskandinavien bis zum Ural sowie zum Balkan. Fehlt in Italien, Griechenland, der Slowakei und Ungarn.

Bevorzugte Biotope: Schnell fließende, saubere Gewässer mit hohem Sauerstoffgehalt und kiesigem bis steinigem Untergrund. Außerdem sommerkühle, sauerstoffreiche Seen.

Länge in cm (Maul bis Schwanzende): 10–12, maximal bis 18

Hauptnahrung: Bachflohkrebse, Insektenlarven, Schnecken sowie gelegentlich Fischlaich

Laichzeit/Zahl abgesetzter Eier: Februar–Mai, 100–200

Die Groppe wird regional auch als Kaulkopf, Rotzkopf, Westgroppe, Koppe, Mühlkoppe, Dickkopf oder Dolm bezeichnet. Typische Erkennungsmerkmale sind die zweigeteilte Rückenflosse, die fast fächerartig wirkenden Brustflossen und die an der Brust befindlichen Bauchflossen. Des Weiteren besitzt die Groppe einen massigen Kopf mit einem breiten Maul und sehr wulstigen Lippen. Die Kiemendeckel haben an ihrem hinteren Rand jeweils einen kräftigen Stachel.

Bei der Groppe handelt es sich um eine stark bodenorientierte Art, die keine Schwimmblase besitzt. Deshalb wirkt ihre Fortbewegungsweise oftmals so, als würde sie in kleinen Sprüngen nach vorn schwimmen.

Während der hellen Tagstunden halten sich die Groppen unter Steinen oder sonstigen höhlenähnlichen Gegenständen verborgen. Mit der einsetzenden Dämmerung verlassen sie ihre Verstecke und begeben sich auf Nahrungssuche. Dabei wird nahezu alles an tierischen Komponenten verschlungen, was nur irgendwie ins Maul dieser kleinen Fische passt. Des Öfteren erbeuten sie dabei sogar kleinere Artgenossen.

In der Vergangenheit wurde die Groppe oftmals als arger Laichräuber, insbesondere in Forellen- und Äschen-Gewässern angesehen, was aber so nicht stimmt. Der Anteil an vertilgtem Laich hält sich durchaus in Grenzen und stellt keinesfalls die Hauptnahrung der Groppen dar. Umgekehrt fungiert die Groppe jedoch als ein wichtiger Beutefisch für Forellen.

Groppen können bis zu 8 Jahre alt werden und erreichen im zweiten Lebensjahr die Geschlechtsreife. Zur Paarungszeit ziehen die Groppen flussaufwärts. Jedes Männchen gräbt unter Steinen oder Totholz mit dem Maul und den Flossen eine Bruthöhle, worin es mit mehreren Weibchen ablaicht.

Die vom Männchen befruchteten Laichballen kleben an der Decke der Bruthöhle.

Die Weibchen verlassen den Laichplatz und wandern flussabwärts. Das Männchen übernimmt anschließend die Bewachung sowie Betreuung des Geleges. Mit seinen Brustflossen erzeugt es eine ständige Wasserströmung, um die Eier mit ausreichend Sauerstoff zu versorgen.

Während dieser Zeit scheut sich das Männchen auch nicht, deutlich größere Fische sowie andere

Männchen gräbt Laichhöhle

Groppe beim Laichen

Das Männchen bewacht das Gelege

Tiere energisch zu attackieren, wenn sich diese dem Gelege nähern. Der Schlupf der Larven erfolgt nach 4–6 Wochen. Zu diesem Zeitpunkt weisen die Larven eine Länge von 6–8 mm auf. In den folgenden 10–12 Tagen zehren sie von ihrem Dottersackvorrat. Mit dem Freischwimmen beendet das Koppenmännchen die Brutpflege und verlässt das Laichgebiet flussabwärts, Die jetzt etwa 12 mm großen Jungkoppen ernähren sich von Zooplankton, das sie geschickt von ihren Ansitzwarten auf Flusskieseln erbeuten.

Ihr weiteres Wachstum geht sehr zügig vonstatten, weshalb junge Groppen am Ende ihres ersten Lebensjahres bereits eine Länge von etwa 4 cm aufweisen.

Junggroppen, 12 mm

Gründling

Gobio gobio

Familie: Gründlingsverwandte, Gobionidae

Verbreitungsgebiet: von Europa (mit Ausnahme Nordskandinaviens Schottlands, der Iberischen Halbinsel und Italiens) bis Ostsibirien

Bevorzugte Biotope: In schnell fließenden, sauerstoffreichen Gewässern mit sandigem bis kieshaltigem Untergrund werden die ruhigeren Bereiche besiedelt. Des Öfteren auch in größeren, kühlen Seen sowie im Brackwasser anzutreffen. Außerdem wurden Gründlinge sogar in unterirdischen Gewässern gefunden, beispielsweise in Höhlen von Postojna (Slowenien) sowie in den warmen Quellen von Stubičke Toplice (Kroatien).

Länge in cm (Maul bis Schwanzende): 8–15, in Ausnahmefällen 20

Hauptnahrung: Würmer, Bachflohkrebse, Insektenlarven, gelegentlich Fischlaich sowie zarte pflanzliche Komponenten. Des Weiteren wird auch das Fleisch von Tieren nicht verschmäht, die sich bereits in leichter Verwesung befinden.

Laichzeit/Zahl abgesetzter Eier: Mai–Juni, 1.000–3.000

Der auch als Kresse oder Kressling bezeichnete Gründling besitzt einen fast drehrunden Körper. Im Unterschied zu jungen Barben, *Barbus barbus*, die vier Barteln an ihrem Maul besitzen, weist der Gründling nur zwei auf, die an den Mundwinkeln seines unterständigen Mauls entspringen. Außerdem sind seine Schuppen größer als die der jungen Barben.

Im mitteleuropäischen Verbreitungsgebiet gehören die Gründlinge gegenwärtig zu den häufigsten Kleinfischarten. Sie leben mit Artgenossen in Schwärmen, welche sich bevorzugt am Boden/in Bodennähe aufhalten. Im Normalfall sind Gründlinge tagaktiv. Falls sie jedoch in ihrem Biotop während der hellen Stunden häufigen Störungen und Beunruhigungen ausgesetzt werden, sind Gründlinge auch sehr schnell in der Lage, ihre Hauptaktivitäten in die Dämmerungs- und Nachtstunden zu verlegen.

Gründlinge werden im Alter von 2–3 Jahren geschlechtsreif. Zur Laichzeit erscheint am Kopf und Vorderkörper der Männchen ein grießähnlicher Laichausschlag. Sofern die betreffende Population ein Fließgewässer besiedelt, beginnen die paarungsbereiten Individuen, in Schwärmen eine kurze Strecke flussaufwärts zu wandern. Die Gründlinge laichen dann nachts, bei Temperaturen von 12–18 °C, im seichten, fließenden Wasser ab. Insofern für die in Seen lebenden Exemplare die Möglichkeit besteht, schwimmen sie zu einmündenden Bächen oder kleinen Flüssen.

Während der Laichzeit stoßen die Weibchen ihre Eier über mehrere Tage verteilt aus. Diese heften sie in Klümpchen an Wasserpflanzen oder Steine. In Abhängigkeit von der Wassertemperatur dauert es anschließend 10–30 Tage, bevor die Larven schlüpfen. Nach dem Aufzehren des Dottersackinhaltes beginnen die Larven, Zooplankton zu jagen. Sie wachsen sehr zügig und können bereits bis zum ersten Winter eine Länge von 5–5,5 cm erreichen.

Die Gebrüder Grimm haben im „Märchen von einem, der auszog das Fürchten zu lernen“ den Gründling integriert: am Ende des Märchens wird ein Eimer mit kaltem Wasser, in dem sich Gründlinge befinden, in das Bett des jungen Königs geschüttet, um ihn schließlich doch noch das Gruseln zu lehren.

Guppymännchen

Guppy

Poecilia reticulata

Familie: Lebendgebärende Zahnkarpfen, Poeciliidae

Verbreitungsgebiet: Ursprünglich nur im nördlichen Südamerika sowie auf einigen Karibikinseln verbreitet. Zunächst in zahlreichen tropischen und subtropischen Regionen der Erde ausgesetzt, um die Larven der Malariamücke zu bekämpfen. Inzwischen existieren auch in Europa vielerorts (vom Menschen ausgesetzte) Guppy-Bestände. Diese beschränken sich im deutschsprachigen Raum auf Thermalquellen und Kühlwasserbecken von Industrieanlagen.

Bevorzugte Biotope: Pflanzenreiche, warme, stehende und langsam fließende Gewässer. Kommt auch im Brackwasser vor.

Länge in cm (Maul bis Schwanzende): Männchen bis 3,5, Weibchen bis 5,5

Hauptnahrung: Insektenlarven, Kleinkrebse, Algen und zarte Wasserpflanzenteile

Laichzeit/Zahl abgesetzter Eier: Bringt in etwa monatlichen Abständen 20–60 vollentwickelte Jungfische zur Welt.

Bei dem gelegentlich auch als Millionenfisch bezeichneten Guppy handelt es sich sowohl um eine in zahlreichen Regionen der Erde ausgesetzte Art als auch um einen der beliebtesten Aquarienfische. Zwischen den Männchen und den Weibchen besteht nicht nur ein deutlicher Größenunterschied, sondern es ist auch ein ausgeprägter Geschlechtsdimorphismus vorhanden. Während die Weibchen eine silbrige bis leicht beige Färbung zeigen, sind die Männchen sehr bunt. Außerdem besitzen Letztere deutlich großflächigere und länger ausgezogene Rücken- und Schwanzflossen.

Im Gegensatz zu den meisten anderen Fischen, bei denen die Eier außerhalb des weiblichen Körpers befruchtet werden, ist das beim Guppy nicht der Fall. Stattdessen bildet sich die bei männlichen Jungfischen noch vollständig vorhandene Afterflosse bis zur Geschlechtsreife zu einem röhrenähnlichen Begattungsorgan, dem sogenannten Gonopodium, um. Mit dessen Hilfe überträgt das Männchen seine Spermien-Pakete in die weibliche Genitalöffnung. Interessant ist in diesem Zusammenhang, dass die Weibchen jene Männchen als Geschlechtspartner favorisieren, die sich schon zuvor mit anderen Weibchen gepaart haben. Parallel dazu werden Männchen häufiger als Partner abgelehnt, die bereits bei anderen Weibchen keinen Erfolg hatten.

Guppys sind robuste, tagaktive und sehr agile Fische, die unter natürlichen Bedingungen die mittleren bis oberen Wasserregionen besiedeln. Dabei bilden sie Schwärme, die aus Individuen unterschiedlichen Alters bestehen.

In ihrer ursprünglichen Heimat leben Guppys des Öfteren auch in temporären Kleinstgewässern. Sobald diese austrocknen, versuchen die Guppys mit weiten Sprüngen, andere in der Nähe befindliche Gewässer zu erreichen.

In stark besiedelten Gewässern zeigen die erwachsenen männlichen Guppys häufig ein bemerkenswertes Verhalten, indem sie die Weibchen fremder Fischarten fast pausenlos anbalzen. Dadurch verhindern sie oftmals, dass sich die betreffenden Weibchen mit ihren Männchen paaren und somit keine Nachkommen hervorbringen. Mit diesem Verhalten erreichen die Guppys, dass weniger artfremde Nahrungskonkurrenten in den Folgegenerationen existieren und sich somit für den eigenen Nachwuchs bessere Überlebenschancen ergeben.

Güster

Blicca bjoerkna

Familie: Weißfische, Leuciscidae

Verbreitungsgebiet: Von Südengland über Frankreich, Mittel- und Osteuropa sowie Teile Südskandinaviens bis zum Ural. Fehlt auf der Iberischen Halbinsel, in Italien und auf dem Balkan.

Bevorzugte Biotope: Seichte, wärmere, stehende sowie langsam fließende Gewässer mit üppiger Unterwasservegetation und weichem Untergrund.

Länge in cm (Maul bis Schwanzende): 20–30, Ausnahmeexemplare bis 45, die Weibchen sind deutlich größer als die Männchen.

Hauptnahrung: Muscheln, Schnecken, Insektenlarven, Kleinkrebse, Würmer und zarte Wasserpflanzen

Laichzeit/Zahl abgesetzter Eier: Mai–Juni, 15.000–110.000

Regional wird der Güster auch als Blicke, Pliete, Halbbrasse sowie Halbbrachse bezeichnet. Es wurde bereits im Porträt der sehr ähnlich aussehenden Brachse, *Abramis brama*, (siehe dort) erläutert, wie sich beide Arten unterscheiden. Im Gegensatz zur Brachse ist der Güster außerdem nicht in der Lage, sein Maul vorzustülpen. Vom Bitterling, *Rhodeus amarus*, lässt sich der Güster anhand seiner durchgehenden Seitenlinie unterscheiden.

An die Wasserqualität sowie die Gewässerstruktur werden keine besonderen Ansprüche gestellt. Im Gegenteil, oftmals besiedeln Güster massenhaft abwasserbelastete Gewässer und ausgebaute Flussabschnitte. Mit Artgenossen bilden sie häufig größere Schwärme, die sich vorzugsweise in Ufernähe aufhalten, wo sie vor allem die unteren Wasserregionen besiedeln. Im Herbst lösen sich die Schwärme weitgehend auf und die Güster ziehen sich einzeln in tiefere Gewässerbereiche zurück, um dort Winterruhe zu halten.

Die bis 10 Jahre alt werdenden Güster wachsen sehr langsam. Zumeist dauert es 3–5 Jahre, bis sie eine Länge von 15–20 cm erreichen. Zu diesem Zeitpunkt werden sie auch geschlechtsreif. Damit die Güster in Paarungsstimmung kommen, muss die Wassertemperatur mindestens 15 °C betragen. Bei den Männchen erscheint dann an der vorderen Körperhälfte grießähnlicher Laichausschlag und die Weibchen weisen eine besonders füllige Bauchregion auf. Im Schwarm werden flache, dicht mit Wasserpflanzen bewachsene Uferbereiche aufgesucht, wo nachts unter lautem Geplätscher die Paarungsspiele erfolgen. Diese finden ihren Höhepunkt in der Ablage des klebrigen Laichs, welchen die Weibchen an die Wasserpflanzen heften. Die Paarungsphase dauert einige Tage an, weil der Laich zumeist in drei Schüben ausgestoßen wird. Die Larven schlüpfen normalerweise nach 3–7 Tagen. Nach dem Aufzehren ihres Dottersackvorrats beginnen sie, Zooplankton aufzunehmen.

Güster neigen schnell zur Bastardierung mit anderen Weißfischen. Das geschieht vor allem deshalb relativ oft, weil auch diese Arten zur gleichen Zeit sowie an gleichen Stellen wie die Güster laichen. Möglicherweise sorgt so die Natur dafür, dass sich die Weißfischbestände nicht übermäßig vermehren können, weil die meisten Artbastarde unfruchtbar sind und sich somit nicht weiter fortpflanzen können.

In kleineren nahrungsärmeren Gewässern sowie in solchen, in denen kein/ein zu geringer Feinddruck vorhanden ist, treten in Güsterpopulationen schnell Verbuttungen auf.

Hecht

Esox lucius

Familie: Esocidae

Verbreitungsgebiet: nahezu überall in den gemäßigten Klimazonen der nördlichen Hemisphäre

Bevorzugte Biotope: Sowohl die Uferregion als auch die Freiwasserzonen von krautreichen, klaren, nicht zu kühlen Seen sowie in Flüssen mit mäßiger Strömungsgeschwindigkeit. In Ufernähe werden Schilfbestände, umgestürzte Bäume und das Laub großblättriger Pflanzen, wie etwa von Seerosen, gern als Unterstände genutzt. Kommt auch im Brackwasser vor.

Länge in cm (Maul bis Schwanzende): Männchen 90–100, Weibchen bis 140

Hauptnahrung: Neben Fischen, Krebsen, Lurchen und kleineren Wasservögeln auch kleine Säugetiere. Sogar bei reichlich vorhandener Nahrung tritt starker Kannibalismus auf. So fallen durchschnittlich 90% der Junghechte Artgenossen zum Opfer.

Laichzeit/Zahl abgesetzter Eier: März–Mai, 40.000–45.000 Eier pro kg Körpergewicht

Der Hecht ist das „Chamäleon“ unter den einheimischen Süßwasserfischen, denn er kann seine Färbung sehr schnell der jeweiligen Umgebung anpassen. Im Unterschied zu der hellen Bauchpartie variieren Rücken und Flanken in Abhängigkeit von der Umgebung von hellgrün (sogenannte Grashechte) über olivgrün bis hellbraun. Aufgrund dieser Farbanpassung werden oft sogar große Exemplare übersehen, wenn sie nahezu reglos im Wasser „stehen“.

Hechte sind Einzelgänger, die Reviere beanspruchen. In diesen warten die Hechte häufig gut getarnt zwischen Wasserpflanzen, im Schutz einer überhängenden Wurzel oder unter einem ins Gewässer gefallenen Baumstamm auf vorbeischwimmende Beute. Diese versucht der Hecht durch ein rasches Vorpreschen zu überwältigen. Dabei ermöglichen ihm seine weit am hinteren Körper befindlichen Rücken- und Afterflossen eine äußerst schnelle Beschleunigung. Ist das schnelle Vorpreschen nicht von Erfolg gekrönt, gibt der Hecht auf und zieht sich in seine Deckung zurück, denn lange Verfolgungsjagden liegen ihm nicht. Der Hecht wurde von der Natur mit einem sogenannten Schnappreflex ausgestattet. Deshalb betrachtet er jedes Objekt als potenzielle Beute, welches aufgrund seiner Größe dafür infrage kommt und sich außerdem mit einer gewissen Mindestgeschwindigkeit durchs Wasser bewegt. Beutefische werden fast immer seitlich gepackt. Aufgrund seiner rückwärts gerichteten Zähne kann es sich der Hecht leisten, seine Beutefische im Maul zu drehen, ohne sie dabei wieder freizugeben. Nach dem Drehen wird die Beute mit dem Kopf voran verschlungen. Die rückwärts gerichteten Zähne können dem Hecht aber auch zum Verhängnis werden, wenn er einen zu großen Fisch erbeutet hat, der in seinem Schlund feststeckt. Der Hecht ist dann nicht in der Lage, die Beute auszuspeien.

Ab November finden sich die Männchen bei den Weibchen ein. Sie verhalten sich dann gegen Nebenbuhler sehr aggressiv und versuchen, diese zu vertreiben. Je näher die Laichzeit rückt, desto aggressiver werden die Männchen, denn nur dem Stärksten winkt das Vorrecht zur Paarung. Während der Paarung und auch kurz danach setzt bei den Weibchen eine Fresshemmung ein. Diese hält aber nur sehr kurz an. Deshalb müssen sich vor allem kleinere Männchen nach der Paarung schnell aus dem Staub ma-

Hechtlarven

chen, um nicht zur Beute des Weibchens zu werden. Die laichenden Hechte gleiten über Wasserpflanzen oder Wurzelwerk von Uferbäumen, an denen die befruchteten Eier kleben bleiben. Die geschlüpften Larven heften sich mit einer Klebedrüse am Kopf an das Laichsubstrat, bis der Dottersack aufgezehrt ist.

Unmittelbar nach dem Freischwimmen machen die Junghechte nicht nur Jagd auf Zooplankton, sondern auch auf kleinere Geschwister.

In Überschwemmungsflächen schlüpfte Hechtlarven ernähren sich vor allem von Schwarzen Mückenlarven. Bereits im Herbst haben die Junghechte eine Länge von 20 cm, wegen ihrer grünen Färbung sogenannte Grashechte, erreicht.

Junghecht verschlingt Geschwisterfisch

Grashecht

Huchen

Hucho hucho

Familie: Lachsfische, Salmonidae

Verbreitungsgebiet: Ursprünglich nur in der mittleren und oberen Donau sowie in manchen von deren Nebenflüssen. Gelegentlich auch in Seen, die zum Mündungsgebiet dieser Flüsse gehören. Außerdem wurden Huchen erfolgreich in einigen Gewässern Österreichs, der Slowakei, Tschechiens, der Schweiz und sogar in Marokko angesiedelt.

Bevorzugte Biotope: Tiefere Bereiche von mäßig bis stark strömenden, größeren Gewässern, die kaltes, klares, sauerstoffreiches Wasser führen und einen sandigen bis kieshaltigen Untergrund aufweisen.

Länge in cm (Maul bis Schwanzende): 50–100, kapitale Exemplare 150–170

Hauptnahrung: Jüngere Individuen fressen Fischbrut, Krebse und Insektenlarven. Ältere ernähren sich vor allem von Fischen, wobei Nasen, *Chondrostoma nasus*, besonders häufig erbeutet werden. Außerdem Lurche, kleine Säuger und kleine/junge Wasservögel.

Laichzeit/Zahl abgesetzter Eier: März–April, bis 2.000–25.000, Faustregel: 1.000 Eier pro kg Körpergewicht

Der Huchen wird auch als Donaulachs, Donau-Salm sowie Rotfisch bezeichnet. Letztere Bezeichnung verdankt der Huchen dem mit kleinen schwarzen Punkten durchsetztem kupferfarbenen Glanz, der an den Flanken größerer Exemplare vorhanden ist. Der Körper des Huchens hat einen fast runden Querschnitt. Im Vergleich zu den restlichen Flossen, die relativ klein sind, wirkt seine Fettflosse recht groß. Ein weiteres, arttypisches Merkmal besteht darin, dass sich im Unterschied zu den meisten anderen Lachsfischen auch bei alten männlichen Individuen keine als Laichhaken bezeichnete Aufwärtskrümmung am Unterkiefer entwickelt. Außerdem ist die Maulspalte sehr groß und reicht bis weit hinter die Augen.

Der nächste Verwandte des Huchens, der bis 180 cm lange Taimen, *Hucho taimen*, lebt isoliert von diesem in einem Einzugsgebiet, das sich von der Wolga über den Ural bis zum Amur erstreckt.

Huchen sind sehr standorttreue Einzelgänger. Sie beanspruchen ein Revier, in dem sie keine Artgenossen dulden. In diesem Revier befinden sich oftmals ins Wasser ragende Wurzeln, Uferunterhöhlungen, größere Totholzansammlungen, Brückenpfeiler und kleine Stromschnellen. In deren Schatten hält sich der Huchen bevorzugt an tieferen Stellen auf.

Huchen erreichen nach 3–4 Lebensjahren die Geschlechtsreife. Zur Paarungszeit wandern sie eine nicht allzu lange Strecke flussaufwärts, um auf einer seichten, gut überströmten Kiesbank zu laichen. Das Weibchen schlägt mittels Schwanzflosse und Schwanzstiel eine flache Laichgrube, in welche die Eier deponiert und anschließend mit Kies überdeckt werden. Bei Wassertemperaturen von 8–12 °C vergehen anschließend 30–40 Tage bis zum Schlupf der Larven. Diese nutzen den Schutz, den ihnen die Spalten und Ritzen zwischen Kieseln bieten, um zunächst ihre Dottersackvorräte aufzuzehren. Danach beginnen sie, Kleintiere zu jagen.

Junge Huchen sind sehr schnellwüchsig und erreichen nach einem Lebensjahr oft schon eine Länge von mehr als 15 cm.

twa ein Jahr alte Huchen

Karausche

Carassius carassius

Familie: Karpfenfische, Cyprinidae

Verbreitungsgebiet: Mit Ausnahme von Nordskandinavien, Nordengland, Irland, Nordspanien, Italien, den Ländern an der Ostküste der Adria, Teilen Griechenlands und des Alpenraums umfasst das Heimatgebiet das restliche Europa und erstreckt sich bis nach Sibirien, wo die Lena die östlichste Verbreitungsgrenze darstellt.

Bevorzugte Biotope: (auch kleinere) pflanzenreiche, stehende und sehr langsam fließende, wärmere Gewässer

Länge in cm (Maul bis Schwanzende): 20–35, gelegentlich bis 60

Hauptnahrung: Würmer, Muscheln, Schnecken, Insektenlarven, zarte Wasserpflanzen

Laichzeit/Zahl abgesetzter Eier: Mai–Juni, 100.000–300.000

Die Karausche wird gelegentlich auch als Gareisle, Guratsch, Burretschel, Kotbuckel, sowie Bauern-, Moor-, Stein- oder Schneiderkarpfen bezeichnet. Der letztgenannte Name ist allerdings auch für den Bitterling, Rhodeus amarus, gebräuchlich. Ein ganz typisches Identifikationsmerkmal der juvenilen Karausche ist ihr dunkler Fleck auf dem Schwanzstiel und bei adulten Fischen der konvexe Rand der Rückenflosse, an welchen sie sich sicher von dem sehr nah verwandten Giebel, Carassius gibelio, unterscheiden lassen.

Die Karausche ist ein sehr geselliger und zugleich äußerst zählebiger Fisch, der mit Artgenossen kleine Schwärme bildet. Sie hat sich nicht nur gegen niedrige Sauerstoffgehalte und starke Erwärmungen, sondern auch gegen extreme Eutrophierung als sehr resistent erwiesen. Im Winter oder bei Trockenfallen des Gewässers graben sich die Karauschen in den Bodenschlamm und können so längere Zeit in einer Art Dauerschlaf überleben. Ein blitzschnelles Eingraben ins schlammige Bodensubstrat nutzen die Karauschen auch des Öfteren als Überlebensstrategie, wenn sie von einem Raubfisch verfolgt werden und keine dichten Wasserpflanzenbestände als Versteck vorhanden sind. Dabei wirbeln sie zusätzlich viel Mulm und Schlamm auf, um so den Verfolger zu irritieren und ihm die Sicht zu nehmen.

Kapitale Exemplare findet man fast nur in Gewässern mit einer sehr guten Nahrungsgrundlage. Dagegen sind die in Klein- und Kleinstgewässern lebenden Karauschen aufgrund des oftmals fehlenden Feinddruckes fast immer stark verbuttet. In den im Freiland lebenden Karauschenbeständen treten häufiger als bei den meisten anderen Fischarten goldgelbe Mutanten auf. Derartige Exemplare erfreuen sich vor allem bei Gartenteichbesitzern einer großen Beliebtheit.

Ab dem zweiten Lebensjahr wachsen weibliche Karauschen schneller als männliche. Bei Letzteren setzt aber die Geschlechtsreife bereits im dritten Lebensjahr und damit ein Jahr früher als bei den Weibchen ein. Männchen entwickeln zur Laichzeit auch eine Laichausschlag.

Zum Ablaichen sind Wassertemperaturen von mindestens 14 °C erforderlich. Die Karauschen schwimmen dann in flache Bereiche, in denen ein üppiger Pflanzenwuchs vorhanden ist. Der klebrige Laich, den die Weibchen zumeist in drei Schüben abgeben, wird an die Pflanzen geheftet. In Abhängigkeit von der Wassertemperatur vergehen bis zum Schlupf der Larven 3–7 Tage. Diese besitzen zwischen ihren Augen eine große Haftscheibe, mit der sie sich in den folgenden Tagen weiterhin an den Pflanzen fixieren und ihren Dottersackinhalt aufzehren.

Karausche mit Laichausschlag

Wildform

Karpfen

Cyprinus carpio

Familie: Karpfenfische, Cyprinidae

Verbreitungsgebiet: Ursprünglich nur in den Zuflüssen des Schwarzen und Kaspischen Meeres sowie des Aralsees. Inzwischen (vor allem als Teichfisch) in großen Teilen Eurasiens, Nordamerikas, Australiens und Afrikas ausgesetzt.

Bevorzugte Biotope: in den mittleren Wasserregionen sowie in Bodennähe von Flüssen, Totarmen, Seen, Teichen und Weihern

Länge in cm (Maul bis Schwanzende): zumeist 30–45, Ausnahmetiere bis 120

Hauptnahrung: Insektenlarven, Schnecken, Muscheln und Würmer; regional auch auf das Fressen von kleinen Weißfischen spezialisiert.

Laichzeit/Zahl abgesetzter Eier: Mai – Juli, wobei die Wassertemperatur längere Zeit mindestens 18 °C betragen muss. Bis 300.000. In Mitteleuropa erfolgt die Karpfenvermehrung oft auf künstlichem Wege, indem die Geschlechtsprodukte durch Massieren (Abstreichen) der Bauchregion freigesetzt werden.

Die Wildform erinnert nur noch entfernt an jene hochrückigen Exemplare, die gegenwärtig vorwiegend anzutreffen sind. Stattdessen zeigt sie einen langgestreckten, fast walzenförmigen Körperbau, der denen des auch als Farbkarpfen bezeichneten Koi sehr ähnelt. Karpfen wachsen umso zügiger, je höher die durchschnittlichen Wassertemperaturen liegen.

Karpfenei an Fadenalgen

Zu den Erkennungsmerkmalen des Karpfens gehören die Barteln an den Seiten der Oberlippe. Das erste Paar ist groß und gut erkennbar, während das zweite, deutlich kleinere oft übersehen wird.

Die alten Römer brachten den Karpfen vor mehr als 2.000 Jahren nach Europa, wo er bereits im frühen Mittelalter eine Bedeutung als Wirtschaftstier erlangte. Zu jener Zeit begann man in Klöstern eine intensive Karpfenhaltung in Teichen zu betreiben – und das aus gutem Grund. Fisch stufte man damals nicht bei den Speisen ein, die in der Fastenzeit verboten waren, weshalb von den Klosterbewohnern reichlich Karpfen verzehrt wurden. Wahrscheinlich entstand in dieser Zeit auch das Gerücht, dass man Karpfen nur in Monaten essen soll, die ein „R" aufweisen. Der Grund dafür dürfte die Tatsache gewesen sein, dass Fisch in den Sommermonaten (Mai bis August) wegen der höheren Umgebungstemperaturen schneller verdirbt. Aufgrund der fehlenden Kühlmöglichkeiten und der langen Wege zu den Märkten begannen die geschlachteten Fische auf dem Transport häufig „zu gammeln" und fanden deshalb keine Abnehmer mehr.

In manchen Klöstern begann man bereits im Mittelalter, die Karpfen züchterisch zu bearbeiten. Besonderes Augenmerk wurde dabei auf hohe Rücken und eine gute Bemuskelung (Vollfleischigkeit) gelegt. Weil das Abschuppen nicht zu den beliebten Arbeiten in der Küche gehörte, verpaarte man später gezielt (mutierte) Exemplare, die Reduktionen in ihrer Beschuppung aufwiesen. So entstanden neben dem einstigen Schuppenkarpfen (der noch eine komplette Beschuppung zeigte) Spiegelkarpfen (mit unregelmäßig verteilten großen Schuppen), Zeiler (Spezialform des Spiegelkarpfens, bei der die Schuppen ebenfalls nur stellenweise, aber dafür in Längsreihen vorhanden waren) sowie Nacktkarpfen, die keine oder so gut wie keine Schuppen mehr besaßen.

Ein Zeiler oder Zeilkarpfen

Katzenwels

Ameiurus nebulosus

Familie: Katzenwelse, Ictaluridae

Verbreitungsgebiet: Katzenwelse waren ursprünglich nur im südöstlichen Kanada und in den USA in einem Gebiet heimisch, das sich von den Großen Seen bis zum Golf von Mexiko erstreckte. Im Jahre 1871 wurden sie in Europa eingeführt und bilden heute in zahlreichen Gebieten West-, Mittel- und Osteuropas sich selbst regenerierende Bestände.

Bevorzugte Biotope: Größere stehende und langsam fließende Gewässer mit weichem Untergrund. Sporadisch auch im Brackwasser anzutreffen.

Länge in cm (Maul bis Schwanzende): 20–30, Ausnahmeexemplare bis 45

Hauptnahrung: Insektenlarven, Krebstiere, Muscheln, Schnecken, Fische, Lurche, Fischlaich, Kaulquappen und Molchlarven sowie weiche Pflanzenteile

Laichzeit/Zahl abgesetzter Eier: März–Mai, 4.000–5.000

Der schuppenlose Katzenwels wird auch häufig als Brauner Katzenwels sowie als Zwergwels bezeichnet. Von jungen Exemplaren des Europäischen Welses, *Silurus glanis*, die sechs Barteln besitzen, lässt sich der Katzenwels bereits anhand seiner acht Barteln unterscheiden. Davon befinden sich zwei lange seitlich am Oberkiefer, zwei an den hinteren Nasenlöchern und vier an der Kopfunterseite. Des Weiteren haben Zwergwelse im Unterschied zum Europäischen Wels eine Fettflosse. Außerdem besitzt Letztgenannter weißliches Fleisch, während das des Katzenwelses orange ist. Die Brust- und Rückenflossen des Katzenwelses sind mit kleinen Stacheln besetzt.

Katzenwelse führen eine stark bodenorientierte, vorwiegend nächtliche Lebensweise. Die erwachsenen Exemplare leben weitgehend als Einzelgänger und gelten als äußerst robust. So können sie sogar dauerhaft bei Wasserqualitäten existieren, die für zahlreiche andere Fische nicht mehr akzeptabel wären. Beispielsweise tolerieren sie problemlos Wassertemperaturen zwischen 0–34 °C. Doch damit nicht genug. Wissenschaftliche Untersuchungen kamen sogar zu dem Ergebnis, dass Katzenwelse in kontaminierten Gewässern besser wachsen und eine höhere Fruchtbarkeit verzeichneten, als Artgenossen in nicht kontaminierten Gewässern. Die kalte Jahreszeit verbringen die Katzenwelse in einer Winterstarre, wozu sie sich in den schlammigen Untergrund eingraben.

Sobald im Frühjahr die Wassertemperaturen 18 °C erreichen, kommen die Katzenwelse in Paarungsstimmung. Nachdem sich ein Paar gefunden hat, beginnen die Partner gemeinsam, im seichten, ufernahen Wasser (bevorzugt auf kiesigem Untergrund) eine flache Laichmulde zu bauen, die oft mit einigen Pflanzenteilen ausgekleidet wird. Die ausgestoßenen Eier ballen sich zu kleinen Klumpen zusammen und bleiben am Boden des Nestes haften. Das Männchen (zuweilen beteiligt sich auch das Weibchen) übernimmt die Bewachung des Geleges und später auch der Larven. Während der Entwicklungsphase wedelt das Männchen mit seinen Flossen immer wieder frisches Wasser über den Laich, um ihn so mit möglichst viel Sauerstoff zu versorgen. Nach 6–9 Tagen schlüpfen die Larven, die in ihrem Erscheinungsbild an Kaulquappen erinnern. Nachdem sie ihren Dottersackvorrat aufgezehrt haben, bilden sie während des Sommers dichte Schwärme, um das Gewässer auf der Suche nach Nahrung zu durchstreifen.

Kaulbarsch

Gymnocephalus cernua

Familie: Echte Barsche, Percidae

Verbreitungsgebiet: Außer auf der Iberischen Halbinsel sowie in Italien, Teilen des Balkans und Skandinaviens überall in Europa zu finden. Darüber hinaus in vielen Regionen Sibiriens heimisch. In den Großen Seen Nordamerikas wurde der Kaulbarsch durch den Menschen angesiedelt.

Bevorzugte Biotope: Tiefere, oft grundnahe Bereiche in stehenden und langsam fließenden Gewässern, die über ein sandiges Bodensubstrat verfügen. Außerdem wird das Brackwasser besiedelt.

Länge in cm (Maul bis Schwanzende): 10–15, in Ausnahmefällen bis 25

Hauptnahrung: Insektenlarven, Bachflohkrebse, Muscheln, Würmer, Fischlaich und kleine beziehungsweise junge Fische

Laichzeit/Zahl abgesetzter Eier: März–Mai, 50.000–100.000

Regionale Bezeichnungen für den Kaulbarsch lauten Rotzbarsch, Schroll und Pfaffenlaus. Im Unterschied zum Flussbarsch, *Perca fluviatilis*, sowie zu (jungen) Zandern, *Sander lucioperca*, die eng mit ihm verwandt sind, besitzt der Kaulbarsch einen überproportional großen Kopf mit einer fast stumpf wirkenden Maulpartie. Im Gegensatz zum Flussbarsch sowie zum Zander hat der Kaulbarsch weder eine geteilte Rückenflosse, noch zeigt er Orange- beziehungsweise Rottöne in seinen Flossen. Der Schrätzer, *Gymnocephalus schraetser*, ist deutlich schlanker und der Donaukaulbarsch, *Gymnocephalus baloni*, hochrückiger.

Kaulbarsche leben in Schwärmen und harren zeitweise gern zwischen dichten Unterwasserpflanzenbüscheln aus. Obwohl sie sauberes Wasser bevorzugen, haben sie sich ausgesprochen resistent gegen (auch stärkere) Verschmutzungen erwiesen. In neu entstandenen Gewässern, zum Beispiel stillgelegten Kiesgruben, fungiert der Kaulbarsch zusammen mit dem Moderlieschen, Leucaspius delineatus, häufig als Erstbesiedler, man spricht dann auch von einer Pionier-Art.

Trotz ihrer außergewöhnlich guten Sinnesausstattung, welche die Kaulbarsche auch in die Lage versetzt, nachts jagen zu können, konzentrieren sich ihre Hauptaktivitäten auf die Tagstunden. Sie steigen dann des Öfteren in höhere Gewässerbereiche auf, um dort Nahrung zu suchen.

In Gewässern, in denen die Populationsdichte sehr hoch ist, neigt der Kaulbarsch schnell zur Verbuttung.

Obwohl das Maximalalter bei 15 Jahren liegt, sind 10 Jahre schon ein beachtliches Alter für die weiblichen Exemplare, während die Männchen selten älter als 7 Jahre werden. Im Alter von 1–2 Jahren werden die Kaulbarsche geschlechtsreif. Zur Laichzeit suchen sie in Schwärmen bevorzugt relativ flache, sandige oder kieshaltige Stellen in Ufernähe aus. Die klebrigen, gallertartigen Eier werden in mehreren Schüben als Schnüre oder Klumpen an Steine, Pflanzen oder sonstige im Wasser befindliche Gegenstände geheftet. Nach 7–12 Tagen schlüpfen die 3–4 mm langen Larven, die mit einem sehr großen Dottersack ausgestattet sind, von dessen Inhalt sie in der folgenden Woche zehren. Anschließend beginnen sie, Zooplankton zu jagen. Ihr weiteres Wachstum geht sehr schnell vonstatten. So erreichen Kaulbarsche nach einem Jahr eine durchschnittliche Körperlänge von 8 cm und nach zwei Jahren von 12 cm.

Donaukaulbarsch

Weibchen

Koboldkärpfling

Gambusia affinis

Familie: Lebendgebärende Zahnkarpfen, Poeciliidae

Verbreitungsgebiet: Ursprünglich nur in den südlichen Gebieten der USA, auf einigen Karibik-Inseln sowie in Nordmexiko heimisch. Durch den Menschen zur Bekämpfung von Malariamückenlarven in zahlreichen Regionen der Erde ausgesetzt, hat sich der Koboldkärpfling inzwischen fast weltweit etabliert.

Bevorzugte Biotope: Stehende sowie nicht sehr schnell fließende Gewässer aller Art, die einen Temperaturbereich von 12–29° C aufweisen. Darüber hinaus ist dieser Fisch sogar in der Lage, in Gewässern zu überleben, in denen die Temperaturen bis auf 3° C absinken beziehungsweise bis 42° C ansteigen. Kommt auch in Brackwasser vor.

Länge in cm (Maul bis Schwanzende): Weibchen bis 7, Männchen bis 4. Die aus dem Spanischen entlehnte Gattungsbezeichnung „Gambusia", die so viel bedeutet wie „ein lächerliches Nichts", nimmt in gewisser Weise Bezug auf die geringe Körperlänge dieser Fische.

Hauptnahrung: Insektenlarven (bevorzugt von Mücken), Kleinkrebse, Schnecken, Zooplankton, Würmer, zarte Pflanzen- und Algenteile. Bei Nahrungsknappheit findet auch Kannibalismus statt.

Laichzeit/Zahl abgesetzter Eier: Während der wärmeren Jahreszeit werden in etwa monatlichen Abständen 5–60 (sehr selten auch bis 100) vollentwickelte Jungfische zur Welt gebracht.

Der Koboldkärpfling wird auch als Westlicher Moskitofisch, Texas- und Silberkärpfling bezeichnet. Wie es der letztgenannte Name erahnen lässt, handelt es sich bei den Koboldkärpflingen um relativ unscheinbare Fische mit silbriger Körperfärbung. Auf dem Rücken und in den transparenten Flossen sind unregelmäßig angeordnete schwarze Pünktchen vorhanden.

Eine sehr eng verwandte Art ist der fast identisch aussehende Östliche Moskitofisch, *Gambusia holbrooki*, der ebenfalls als Texas- oder Silberkärpfling bezeichnet wird. Nicht wenige Forscher sehen sowohl den Östlichen Moskitofisch sowie den Westlichen Moskitofisch nur als Unterarten des Koboldkärpflings an und führen diese deshalb unter den wissenschaftlichen Bezeichnungen *Gambusia affinis affinis* beziehungsweise *Gambusia affinis holbrooki*. Für den Aspekt, dass es sich um Unterarten handelt, spricht, dass beide Fische sogar unter natürlichen Bedingungen häufig bastardieren und aus derartigen Paarungen fruchtbare Nachkommen hervorgehen.

Genau wie bei den relativ eng verwandten Guppys bildet sich auch bei den Koboldkärpflings-Männchen bis zur Geschlechtsreife die Afterflosse zu einem röhrenähnlichen Begattungsorgan, dem Gonopodium, um.

Mit dessen Hilfe übertragen die Männchen ihre Spermien-Pakete in die weibliche Genitalöffnung. Es findet also keine äußere, sondern eine innere Befruchtung statt. Wie bei allen Lebendgebärenden Zahnkarpfen entwickeln sich die Embryonen im Mutterleib in Eiern. Während des Geburtsvorgangs sprengen die Jungen die Eihüllen und sind sofort schwimmfähig. Im Unterschied zu den meisten anderen Fischen handelt es sich bei ihnen nicht um Larven, bei denen viele Organe, wie etwa die Flossen, noch nicht ausdifferenziert sind, sondern um komplett entwickelte Jungfische. Sie verfügen über keinen Dottersackvorrat und sind sofort nach der Geburt fressfähig.

Männchen mit der typischen, zum Gonopodium umgebildeten Afterflosse.

Laube

Alburnus alburnus

Familie: Weißfische, Leuciscidae

Verbreitungsgebiet: von der Wolga über den Balkan, Südskandinavien, Frankreich und Großbritannien bis Irland

Bevorzugte Biotope: Stehende und langsam fließende Gewässer, wobei Bereiche mit besonders dichtem Unterwasserpflanzenwuchs gemieden werden. Außerdem ist diese Art im Brackwasser der Nord- und Ostsee zu finden.

Länge in cm (Maul bis Schwanzende): 10–15, in Ausnahmefällen bis 25

Hauptnahrung: Anflugnahrung, Insektenlarven, Kleinkrebse, tierisches und pflanzliches Plankton, Fischbrut und sehr kleine Jungfische sowie zarte Pflanzenteile

Laichzeit/Zahl abgesetzter Eier: April–Juni, 1.500–8.000

Flüchtende Lauben

Lauben in Prachtfärbung

Regional wird die Laube auch als Ablette, Blecke, Maiblecke, Laugele, Ukelei, Zwiebelfisch und Silberfisch bezeichnet. Letztere Bezeichnung resultiert daraus, dass Lauben bis ins 18. Jahrhundert in riesigen Mengen gefangen wurden, um aus dem Silberglanz der Schuppen die sogenannte Essence d'Orient zu gewinnen, welche zur Anfertigung von falschen Perlen verwendet wurde.

Bei der Laube handelt es sich um einen sehr langgestreckten Fisch mit oberständiger Maulspalte. Der Rücken ist hell gräulich grün bis bläulich grünlich. Ein markanter gelber Längstreifen erstreckt sich vom Kiemendeckel bis zum Ansatz der Schwanzflosse. Die Bauchregion zeigt einen silbrigen Glanz.

Bei der Laube handelt es sich um eine mit Artgenossen zusammenlebende, sehr schwimmaktive Art, die sich bevorzugt in oberflächennahen Wasserbereichen aufhält. Attacken durch Fressfeinde, beispielsweise Flussbarsche, *Perca fluviatilis*, entziehen sich die Lauben oftmals in der Weise, dass sie – ähnlich wie Delfine – aus dem Wasser herausschnellen und somit kurzzeitig aus dem Gesichtsfeld ihres Verfolgers verschwinden.

Das ähnlich aussehende Moderlieschen, *Leucaspius delineatus*, besitzt keine durchgehende Seitenlinie und hat außerdem eine kürzere Afterflosse. Bei der ebenfalls sehr ähnlich aussehenden Mairenke, *Alburnus chalcoides*, sind die Schuppen kleiner und wenn man eine gedachte senkrechte Linie vom Ende der Rückenflossen nach unten zieht, setzt die Afterflosse erst hinter dieser an.

Lauben gehören zu den langsam wachsenden Fischen und werden erst im Alter von 2–3 Jahren geschlechtsreif. Zur Laichzeit erscheint an Kopf und Nacken der stets etwas kleineren Männchen grießähnlicher Laichausschlag.

Außerdem färben sich ihre Brust- und Bauchflossen leicht orange. Die Lauben beginnen dann, sich zu großen Schwärmen zu formieren und ziehen in Fließgewässern stromaufwärts, um an kiesreichen Stellen zu laichen.

Bei ihrem stets nachts im Schwarm stattfindenden Ablaichen verursachen die Lauben laute, plätschernde Geräusche. Die klebrigen Eier werden entweder an robuste Wasserpflanzen, Wurzelhölzer oder auf Steine geheftet und sofort von den Männchen besamt. Nach etwa einer Woche schlüpfen die Larven, welche sich nach dem Aufzehren des Dottersackinhalts von Plankton ernähren.

Aufgrund der gleichgelagerten Laichzeit sowie des sehr ähnlichen Paarungsverhaltens kommt es zu gelegentlichen Kreuzungen zwischen Lauben und Güstern, *Blicca bjoerkna*, Rotfedern, *Scardinius erythrophthalmus*, sowie Rotaugen, *Rutilus rutilus*.

Marmorkarpfen

Hypophthalmichthys nobilis

Familie: Xenocyprididae

Verbreitungsgebiet: Ursprünglich nur in Mittel- und Südchina. Mittlerweile in zahlreichen Regionen des Mittelmeerraums sowie in Mittel- und Osteuropa ausgesetzt.

Bevorzugte Biotope: Tiefe warme Seen und Flüsse mit schwacher Strömung und häufigen Schwankungen in der Wasserstandhöhe. Besiedelt kurzzeitig auch überschwemmte Flächen.

Länge in cm (Maul bis Schwanzende): 70–90, Ausnahmeexemplare in Europa bis 150, in Asien bis 200. Die Weibchen sind zumeist etwas größer und dicker.

Hauptnahrung: Zoo- und Phytoplankton, das der Marmorkarpfen mit seinen Kiemenreusen aus dem Wasser herausfiltert. Ergänzend auch Anflugnahrung, Insektenlarven, Schnecken, Würmer und kleinere Algen.

Laichzeit/Zahl abgesetzter Eier: April–Juli, 100.000

Der Marmorkarpfen wird gelegentlich auch als Gefleckter Silberkarpfen sowie als Gefleckter Tolstolob bezeichnet. Beide Populärnamen basieren darauf, dass der Körper dieses Fisches von dunklen bis schwarzen, unregelmäßig angeordneten Flecken überzogen ist. Im Vergleich zum Silberkarpfen, *Hypophthalmichthys molitrix*, besitzt der Marmorkarpfen einen kompakteren Kopf und eine wulstigere Unterlippe. Des Weiteren wirkt er insgesamt massiger und die Enden seiner Brustflossen reichen bis hinter die Ansätze der Bauchflossen (auf den kürzeren Bauchkiel wird beim Silberkarpfen hingewiesen, siehe dort). Im Unterschied zum Karpfen, *Cyprinus carpio*, besitzt der Marmorkarpfen keine Barteln und ist auch nicht in der Lage, sein Maul weit trichterartig vorzustülpen.

In Mitteleuropa wurde der Marmorkarpfen, ähnlich wie der Silber- und der Graskarpfen, *Ctenopharyngodon idella*, mit dem primären Ziel eingeführt, Wasserpflanzen- und Algenbestände abzuweiden. Es stellte sich jedoch schnell heraus, dass der Marmorkarpfen für diesen Zweck nicht geeignet war, weil er sich bevorzugt von Zooplankton ernährte. Dadurch erwies er sich als ein starker Nahrungskonkurrent für die einheimischen Fische, sodass für deren Brut oftmals nicht mehr genügend Zooplankton zur Verfügung stand.

Die gesellig mit Artgenossen zusammenlebenden Marmorkarpfen beginnen erst bei Wassertemperaturen von über 19 °C zu fressen, aber dann richtig! So nehmen sie bei 25–30 °C des Öfteren eine Nahrungsmenge auf, die dem eigenen Körpergewicht entspricht oder sogar etwas darüber liegt. Sobald im Herbst die Wassertemperaturen dauerhaft unter 10 °C sinken, suchen die Marmorkarpfen tiefere Gewässerbereiche auf, um dort zu überwintern.

Marmorkarpfen können ein Alter von 20 Jahren erreichen und werden mit 3–7 Jahren geschlechtsreif. In Mitteleuropa pflanzt sich diese Art nur in Ausnahmefällen auf natürliche Weise fort. Um in Paarungsstimmung zu gelangen, benötigen sie Wassertemperaturen von über 22 °C, steigende Wasserpegel und trübes, aber sauerstoffreiches Wasser. Abgelaicht wird in mittleren und oberen Wasserbereichen, in denen eine leichte Strömung vorhanden sein muss. Aus den gelblichen Eiern schlüpfen die Larven je nach Wassertemperatur nach zweieinhalb bis vier Tagen. Nachdem diese ihren Dottersackinhalt aufgezehrt haben, beginnen sie, Zooplankton zu fressen.

Maul des Marmorkarpfens

Meerforelle

Salmo trutta trutta

Familie: Lachsfische, Salmonidae

Verbreitungsgebiet: Küsten Europas vom Nordmeer über die Ostsee bis zum Golf von Biskaya. Im Mittelmeer ist die Meerforelle nicht heimisch.

Bevorzugte Biotope: Als Süßwasser- und Jungfischform sowie zum Laichen, saubere, klare Fließgewässer, die sich nicht übermäßig erwärmen.

Länge in cm (Maul bis Schwanzende): 80–100, maximal bis 140

Hauptnahrung: im Meer: Fische, Krebstiere, wie beispielsweise Garnelen; im Süßwasser: Insektenlarven, Kleinkrebse, tierischer Anflug und Fische

Laichzeit/Zahl abgesetzter Eier: November–Februar, etwa 1500 Eier pro kg Lebendgewicht

Die Meerforelle wird auch als Strandlachs, Weißforelle, Trump, Silberlachs, Schwarzlachs, Möllitz, Breden, Sülberlaß sowie Ostseelachs bezeichnet. Bei den letzten Namen handelt es sich lediglich um eine verkaufsorientierte Erfindung, damit sich dieser Fisch noch besser vermarkten lässt. Ein früherer Populärname für die Meerforelle lautete Lachsforelle. Dieser ist jedoch nicht mehr gebräuchlich, weil er inzwischen für eine Zuchtform der Regenbogenforelle, *Oncorhynchus mykiss*, sehr geläufig wurde.

Im Unterschied zu der eng verwandten Bachforelle, *Salmo trutta fario*, besitzt die Meerforelle keine unregelmäßig verteilten roten Pünktchen auf ihrem Rücken sowie an den Flanken. Ein Unterscheidungsmerkmal zum sehr ähnlich aussehenden Atlantischen Lachs, *Salmo salar*, ist die Maulspalte. Diese endet bei der Meerforelle hinter dem Auge, beim Atlantischen Lachs kurz davor oder direkt unterhalb dessen.

Die Meerforelle erreicht die Geschlechtsreife zumeist zwischen dem vierten und sechsten Lebensjahr. Sie ist ein anadromer Wanderfisch, der zwischen Oktober und November beginnt, in seine Laichgründe aufzusteigen. Dabei handelt es sich oftmals um Nebenbäche von großen Flüssen, in welchen die Meerforellen einst als Larven das Licht der Welt erblickten. Während der Wanderung verfärbt sich das Schuppenkleid der Meerforellen von einem Silbergrau zu einer Mischung aus Gelb- und Brauntönen. Das Ablaichen findet über kiesigem Untergrund statt. Dabei werden die Eier in einer flachen, vom Weibchen ausgehobenen Grube deponiert. Nach dem Laichen wird diese Grube mit Kies und Sand abgedeckt. Je nach Wassertemperatur dauert es anschließend 90–140 Tage bevor die Larven schlüpfen. Ihre weitere Entwicklung erfolgt im Süßwasser. Zwischen ihrem ersten und fünften Lebensjahr wandern die jungen Forellen ins Meer zurück, wo sie sich bis zum Erreichen der Geschlechtsreife aufhalten.

Während der Wanderung zu den Laichgründen nehmen die Meerforellen keine Nahrung auf. Daraus resultiert, dass sie nach der Paarung sehr erschöpft sind. Im Unterschied zu manchen anderen Lachsarten, bei denen dann ein Massensterben einsetzt, ist ein solches bei der Meerforelle nicht zu beobachten. Stattdessen verweilen die Meerforellen noch einige Zeit im Süßwasser und beginnen, viel Nahrung aufzunehmen. Diese intensive Nahrungsaufnahme wird im Meer fortgesetzt, wodurch die Meerforellen schnell wieder an Gewicht zulegen. Außerdem wandelt sich im Meer die gelbbraune Körperfärbung rasch wieder zu einem Silbergrau um.

Moderlieschen

Leucaspius delineatus

Familie: Weißfische, Leuciscidae

Verbreitungsgebiet: von Frankreich bis Dänemark, zur Wolga, zum Balkan und zum Kaspischen Meer, fehlt in Italien

Bevorzugte Biotope: Uferregionen wärmerer, langsam fließender oder stehender Gewässer, die eine dichte Unterwasservegetation aufweisen.

Länge in cm (Maul bis Schwanzende): 6–10, in Ausnahmefällen auch 12

Hauptnahrung: Insektenlarven, Kleinkrebse, tierischer Anflug, Amphibienlaich, Algen, zarte Wasserpflanzenteile

Laichzeit/Zahl abgesetzter Eier: April–Mai, 500–2.000

Das Moderlieschen wird regional auch als Zwerglaube, Modke, Mutterloseken Sonnenfischchen, Witting und Schneiderkarpfen (dieser Name ist auch für den Bitterling, *Rhodeus amarus*, gebräuchlich) bezeichnet. Die Entstehung des Begriffs „Moderlieschen" ist eng verbunden mit dem Laich dieses Fisches, den Wasservögel zufällig in ihrem Gefieder in neu entstandene Gewässer transportierten. Weil die Menschen vor mehreren hundert Jahren davon noch keine Kenntnis hatten, glaubten sie, dass das gelegentliche Massenauftreten dieser Art in bisher fischleeren Gewässern auf eine Urzeugung aus Schlamm zurückzuführen sei. Daraufhin nannten sie die Fische „Mutterloseken oder Mutterlosen". Dieses Wort wandelte sich im Laufe der folgenden Jahrhunderte zu Moderlieschen um und ist nicht etwa auf den als „Moder" oder „Modder" bezeichneten Schlamm zurückzuführen.

Ein typisches Körpermerkmal der schmalen, stromlinienförmigen Moderlieschen ist ein bläulicher Längsstrich, der sich über die gesamte Flanke erstreckt. Zuweilen wirkt dieser Strich etwas blass. Moderlieschen halten sich gern in der Nähe der Wasseroberfläche auf. Bei Gefahr fliehen sie am liebsten zwischen üppige Wasserpflanzenbestände, in denen sich die Moderlieschen so gut tarnen, dass sie von zahlreichen Fressfeinden nicht mehr wahrgenommen werden.

Die meiste Zeit des Jahres leben Moderlieschen sehr gesellig mit Artgenossen zusammen. Während der Laichzeit bilden sich jedoch Paare. Diese laichen an Schilfstängeln, Blattunterseiten von Wasserpflanzen oder kleinen elastischen Wurzeln, die zuvor mit dem Maul gesäubert wurden. Beim Laichen werden nicht sämtliche Eier auf einmal ausgestoßen, sondern dies geschieht in 5–10 Schüben und erstreckt sich über einen Zeitraum von mehreren Wochen. Der Laich ist perlenschnurartig in einem sogenannten Laichband aufgereiht, welches gut haftende Eigenschaften aufweist.

Die sich hartnäckig haltende, jedoch unzutreffende Behauptung, dass diese Bänder spiralig um die Pflanzen gelegt werden, basiert vermutlich auf fehlinterpretierten Beobachtungen. Wahrscheinlich lagerten sich einige Bänder zufällig in der Weise an den Pflanzen an, dass sie eine scheinbare Spirale vortäuschten.

Nach dem Ablaichen übernimmt das Männchen die Bewachung des Geleges. Indem es das Gelege kontinuierlich mit seinen Flossen bewedelt und gelegentlich den Gegenstand, an dem dieses geheftet ist, mit dem Maul antippt, wird eine ständige Umspülung mit frischem Wasser gewährleistet. Außerdem sondert das Männchen ein bakterienhemmendes Sekret ab, mit dem es den Laich von Zeit zu Zeit bestreicht.

Namaycushsaibling

Salvelinus namaycush

Familie: Lachsfische, Salmonidae

Verbreitungsgebiet: Ursprünglich nur in der nördlichen Hälfte Nordamerikas (von Alaska bis zum Einzugsbereich der Großen Seen) beheimatet. In den letzten Jahrzehnten durch den Menschen in verschiedenen Regionen, darunter in Argentinien, Chile sowie in Seen der Alpen und in Skandinavien ausgesetzt, wo sich der Namaycushsaibling erfolgreich etablierte.

Bevorzugte Biotope: tiefe, kalte Seen mit hohem Sauerstoffgehalt, gelegentlich auch in Flüssen

Länge in cm (Maul bis Schwanzende): 45–70, Ausnahmeexemplare bis 150

Hauptnahrung: In Abhängigkeit von der in einem Gewässer vorhandenen Nahrung und deren Quantität, bringt der Namaycushsaibling verstärkt kleinwüchsigere oder größere Exemplare hervor. Die kleinwüchsigen Exemplare findet man vor allem in fischärmeren Gewässern. Sie ernähren sich hauptsächlich von Zooplankton, Kleinkrebsen und Insektenlarven. In fischreichen Gewässern wird der Namaycushsaibling größer und erbeutet primär Fische.

Laichzeit/Zahl abgesetzter Eier: September–Dezember, 2.000–3.000 Eier pro kg Körpergewicht

Die Bezeichnung „Namaycush" erhielt dieser Fisch, der auch als Amerikanischer Seesaibling, Amerikanische Seeforelle beziehungsweise Kanadische Seeforelle bezeichnet wird, von den amerikanischen Ureinwohnern. Erwachsene Namaycushsaiblinge besitzen einen dunkelbraunen bis schwärzlich gefärbten Rückenbereich, der an den Flanken in ein Mittelbraun bis Dunkelgrau übergeht. Die Bauchregion ist hellbeige bis graugelb. Über den Rücken und die Flanken verteilen sich in unregelmäßiger Anordnung grauweiße bis gelbliche, kleine rundliche Flecken.

Nach unbewiesenen Angaben sollen kanadische Holzfäller vor 200 Jahren Exemplare gefangen haben, die 60 kg auf die Waage brachten. Belegt ist dagegen ein kapitaler Namaycushsaibling aus dem Athabascasee, der 46 kg wog.

Der Namaycushsaibling kann über 25 Jahre alt werden. Er reagiert äußerst sensibel auf sich abrupt ändernde Umweltbedingungen, insbesondere Gewässerverunreinigungen. Während der wärmeren Sommermonate ziehen sich diese Fische häufig in tiefere Gewässerregionen zurück, in denen das Wasser deutlich kühler als an der Oberfläche ist. Im Herbst steigen sie in die oberflächennahen Wasserbereiche zurück, wo sie bis zum Frühjahr ausharren.

Im Alter von 6–8 Jahren wird die Geschlechtsreife erreicht. Das Ablaichen erfolgt fast immer nachts und erstreckt sich über mehrere Tage bis Wochen. Die Hauptlaichaktivitäten liegen dabei zumeist zwischen dem Einbruch der Dämmerung und 22.00 Uhr. Als Laichplätze nutzen die Namaycushsaiblinge Kiesbänke, welche die Männchen morgens oder am zeitigen Vormittag verlassen, um jedoch am Nachmittag zu diesen zurückzukehren. Erscheint ein ablaichbereites Weibchen, wird es fast immer von mehreren Männchen angebalzt. Außerdem werden die meisten Weibchen beim Ablaichen beidseitig von „liebestollen" Männchen flankiert. Letztere bedrängen das Weibchen solange, bis dieses seinen gesamten Eiervorrat ausgestoßen hat. Je nach Wassertemperatur vergehen anschließend 15–21 Wochen. Die meisten Larven schlüpfen zwischen Mitte Februar und Anfang März. Sie benötigen oftmals einen Monat, um ihren Dottersackinhalt aufzuzehren. Danach beginnen sie, Zooplankton zu fressen.

Juveniler Namaycushsaibling

Nase

Chondrostoma nasus

Familie: Weißfische, Leuciscidae

Verbreitungsgebiet: Von Frankreich über Mitteleuropa bis zum Ural. Auf den Britischen Inseln, in Skandinavien und Ostpolen fehlt die Nase, genauso wie auf der Iberischen Halbinsel, in den Adriaanrainerstaaten und in Griechenland.

Bevorzugte Biotope: schnell fließende, saubere Gewässer mit hohem Sauerstoffgehalt

Länge in cm (Maul bis Schwanzende): 25–40, in Ausnahmefällen bis 60

Hauptnahrung: Größtenteils wird Algenaufwuchs von Steinen und Totholz mithilfe des harten scharfkantigen Überzugs abgeweidet, der sich am Unterkiefer befindet. Dieser Überzug funktioniert dabei wie ein Schaber. Neben den Algen werden auch darin versteckte tierische Mikroorganismen und Insektenlarven nicht verschmäht.

Laichzeit/Zahl abgesetzter Eier: März–Mai, 20.000–100.000

Die Nase wird regional auch als Schnabel, Näsling oder Bauernäsche bezeichnet. Diese sehr treffende Populärbezeichnung verdankt der Fisch dem halbkugelähnlich vorgestülpten, an eine Nase erinnernden Oberkiefer.

Die Flossen der Nase sind zumeist gräulich bis gelblich rot. Ein inneres anatomisches Merkmal, durch das sich die Nasen von den meisten anderen Fischen unterscheiden, ist ihr schwarz gefärbtes Zwerchfell.

Nasen sind sehr gesellige Fische, die sich in Schwärmen am wohlsten fühlen, welche aus mehreren hundert Artgenossen bestehen. Indem diese bodenorientierten Fische die Algen abweiden, verhindern sie Verstopfungen des Kiesgefüges am Gewässergrund und wirken so der Faulschlamm- und Schwefelwasserstoffbildung entgegen. Damit sorgen sie gleichzeitig dafür, dass die im Kiesgefüge vorhandenen Versteckplätze für Kleinstlebewesen und Fischlarven erhalten bleiben. Beim Abweiden der Algenbeläge drehen sich die Nasen oft in der Weise, dass ihre silbrigen Flanken die auftreffenden Sonnenstrahlen reflektieren und dadurch wie kleine Lichter aufblitzen.

Nasen können bis zu 20 Jahre alt werden. Die Männchen erreichen die Geschlechtsreife im dritten Lebensjahr, während diese bei den Weibchen erst ein Jahr später einsetzt. Zur Paarungszeit bilden beide Geschlechter an Kopf und Nacken grießähnlichen Laichausschlag, der bei den Männchen auch die Flanken bedeckt. Die Schwärme der Nasen unternehmen dann Wanderungen von mehreren hundert Kilometern, um Laichgründe aufzusuchen, die sich in klaren, sauerstoffreichen Seitenbächen befinden. Diese müssen zudem ein kieshaltiges Bodensubstrat aufweisen. Am traditionellen Laichplatz warten die Männchen auf die nachfolgenden Weibchen.

An geeigneten Stellen umringen mehrere Männchen die laichbereiten Weibchen und mit heftigem Flossenwedeln wird das Kiesbett 10–15 cm tief aufgelockert, in welches anschließend die Eier gelegt werden. Das Ganze wird mehrmals wiederholt. Anschließend wandern sie ebenfalls wieder in Schwärmen in ihre angestammten Biotope zurück.

Die namensgebende „Nase“ in der Nahaufnahme

Bei einer Wassertemperatur von 12 °C vergehen bis zum Schlupf der Larven rund 2 Wochen. Diese sind sehr lichtscheu und bleiben zunächst an abgedunkelten Bereichen zwischen den Kieselsteinen versteckt, um ihren Dottersackinhalt aufzuzehren. Danach ziehen sie in flache Gewässerbereiche und ernähren sich zunächst von Plankton. Im Alter von einem halben Jahr wird aus dem zunächst endständigen ein unterständiges Maul und die Hornplatte des Unterkiefers entwickelt sich in den nächsten Monaten.

Nach Vollendung des ersten Lebensjahres stellen die jungen Nasen ihre Ernährung relativ schnell von tierischen auf vorwiegend pflanzliche Komponenten um.

Nasen beim Laichen

6 Monate alte Nase

Neunstachliger Stichling

Pungitius pungitius

Familie: Stichlinge, Gasterosteidae

Verbreitungsgebiet: von Europa über Nordasien (einschließlich Japans) bis nach Nordamerika und Grönland

Bevorzugte Biotope: Stark verkrautete Flachwasserbereiche in kleinen, stehenden und fließenden Gewässern. Neunstachlige Stichlinge sind aber auch im Meer (sogar in arktischen Bereichen) sowie im Brackwasser anzutreffen. Exemplare dieser Populationen wandern zum Laichen ins Süßwasser.

Länge in cm (Maul bis Schwanzende): 4–7, in Ausnahmefällen bis 9

Hauptnahrung: Würmer, Kleinkrebse, Insektenlarven. Plündert weniger intensiv als der Dreistachlige Stichling den Laich anderer Fischarten.

Laichzeit/Zahl abgesetzter Eier: April–August, 50–80

Seinen Namen erhielt dieser auch als Kleiner Stichling, Zwergstichling oder Stechelstange bezeichnete Fisch aufgrund der Stacheln, die sich auf seinem Rücken befinden. Die meisten Exemplare besitzen, wie es der Name bereits vermuten lässt, neun Stacheln. Neben diesen treten aber auch immer wieder Individuen auf, die statt der neun Stacheln 8–11 aufweisen.

Neunstachlige Stichlinge zeichnen sich nicht nur durch ihre Fähigkeit aus, im Salz- und Süßwasser leben zu können, sondern haben sich auch als sehr anpassungsfähig gegenüber plötzlichen Schwankungen der Wasserqualität erwiesen. Beispielsweise stecken es diese Stichlinge recht problemlos weg, wenn sich in Kleinstgewässern, wie etwa Wiesengräben, durch mehrtägige Regenfälle ein veränderter pH-Wert einstellt oder an heißen Tagen eine Verringerung der Sauerstoffkonzentration im Wasser entsteht.

Ein wesentlicher Unterschied zwischen dem Drei- und dem Neunstachligen Stichlingsmännchen besteht darin, dass letztere ihre kugelähnlichen Nester nicht am Boden, sondern in Pflanzen errichten.

Genau wie Dreistachlige Stichlingsmännchen treten auch bei den Neunstachligen zur Laichzeit Änderung in der Körperfärbung auf. Diese sind allerdings nicht bei allen Individuen einheitlich. So trifft man neben völlig schwarz eingefärbten Exemplaren auch auf Männchen, die nur am Rumpf sowie auf der Iris ein mehr oder weniger ausgeprägtes Schwarz zeigen. Des Weiteren gibt es Exemplare, deren Bauch sich dunkelgrün und der Kopf rötlich verfärbt. Letztlich sind die Brustflossenstrahlen der paarungsbereiten Männchen weißlich und die restlichen Teile dieser Flossen des Öfteren orange gefärbt. Unmittelbar vor dem Laichen wird auch die männliche Genitalpapille weiß.

Außerhalb der Laichzeit verhalten sich Neunstachlige Stichlinge sehr scheu und leben bevorzugt als Einzelgänger. Das trifft auch auf die Jungen zu, die sich nur selten und dann lediglich kurzzeitig zu kleinen Gruppen zusammenfinden. Bei einer potenziellen Gefahr sind die scheuen Stichlinge bestrebt, sich zwischen Pflanzen zu verbergen. Gelingt ihnen das nicht und sie müssen beispielsweise beim Auftauchen eines Fressfeindes die Flucht ergreifen, versuchen sie, indem gezielt der Boden mit dem Körper und den Flossen berührt wird, Schlamm und Mulm aufzuwirbeln. Dadurch „vernebeln" sie dem Verfolger zumindest teilweise die Sicht, sodass es diesem deutlich schwerer fällt, seine Beute im Auge zu behalten.

Neunstachliger Stichling in Verteidigungsstellung mit dem (am linken Bildrand) befindlichen Nest, das in Pflanzen platziert wird.

Perlfisch

Rutilus meidingeri

Familie: Weißfische, Leuciscidae

Verbreitungsgebiet: Punktuell in der Slowakei und in Österreich. In Deutschland (Bayern) galt der Perlfisch ab etwa 1990 als ausgestorben. Inzwischen laufen aber Programme zur Wiederansiedelung.

Bevorzugte Biotope: Flüsse mit langsamer Strömungsgeschwindigkeit sowie große Seen mit klarem, sauerstoffreichem Wasser. Lange Zeit wurde die These vertreten, dass sich dieser Fisch primär in tieferen Wasserschichten aufhält. Jüngere Untersuchungen ergaben jedoch, dass sich der Perlfisch zumindest während der Laichzeit und in den anschließenden Sommermonaten auch gern in dichten Unterwasserpflanzenbeständen aufhält, welche sich in Ufernähe befinden.

Länge in cm (Maul bis Schwanzende): 40–50, Ausnahmeexemplare auch bis 70

Hauptnahrung: Wasser bewohnende Insektenlarven, Schnecken, Kleinkrebse und Muscheln

Laichzeit/Zahl abgesetzter Eier: April–Mai, bis 250.000

Der gelegentlich auch als Maifisch bezeichnete Perlfisch verdankt seinen Populärnamen dem (während der Laichzeit erscheinenden) ausgeprägten Laichausschlag der Männchen. Die einzelnen „Perlen“ dieses Ausschlages können einen Durchmesser von 3–4 mm erreichen und überziehen fast den gesamten Körper. Besonders intensiv sind sie aber am Kopf sowie auf dem Rückenbereich ausgeprägt. Außerdem verfärbt sich zur Laichzeit die ansonsten silbrig glänzende Bauchseite der Männchen rot.

Die Rückenfärbung ist grau, braunschwarz oder dunkelolivbraun und wird an den Flanken etwas heller. Der massig wirkende Kopf ist mit einer kleinen, leicht unterständigen Mundspalte ausgestattet. Außerdem sind die Schuppen für einen Karpfenfisch dieser Größe ziemlich klein.

In seiner Erscheinung ähnelt der Perlfisch dem Aitel, *Squalius cephalus*. Letzterer besitzt jedoch eine tiefe, endständige Maulspalte und deutlich größere Schuppen. Auch der Hasel, *Leuciscus leuciscus*, sowie junge Graskarpfen, *Ctenopharyngodon idella*, lassen sich anhand ihrer wesentlich größeren Schuppen sicher vom Perlfisch unterscheiden.

Perlfische leben bevorzugt mit Artgenossen in kleinen Schwärmen zusammen. Zeitweilig vermischen sich diese Schwärme mit Aiteln und Bachsen.

Das ebenfalls in Schwärmen stattfindende Ablaichen erfolgt über kiesigem oder steinigem Untergrund sowie über Unterwasserpflanzenbeständen. Die gelblichen Eier haben eine gute Klebefähigkeit und bleiben an diesen Materialien haften. In Abhängigkeit von der Wassertemperatur dauert es anschließend 3–6 Tage, bevor die Larven schlüpfen. Zunächst verstecken sie sich in schwach durchströmten Ritzen und Spalten, welche zwischen Steinen und Kies vorhanden sind. Dabei zehren sie ihren Dottersackvorrat auf. Anschließend beginnen sie mit dem Fressen von feinem Zooplankton.

Lange Zeit wurde der Perlfisch als eine Unterart der Schwarzmeerplötze, *Rutilus frisii*, angesehen und führte die wissenschaftliche Bezeichnung *Rutilus frisii meidingeri*. Inzwischen gilt diese taxonomische Einordnung als überholt und der Perlfisch erhielt einen eigenständigen Artstatus. Darauf basierend lautet seine jetzt einzig gültige wissenschaftliche Bezeichnung *Rutilus meidingeri*.

Perlfisch mit intensivem Laichausschlag

Quappe

Lota lota

Familie: Quappen, Lotidae

Verbreitungsgebiet: Große Teile der Nordhalbkugel. In Europa fehlt die Quappe in Nordskandinavien, Großbritannien, auf der Iberischen Halbinsel, in Italien sowie auf dem Balkan.

Bevorzugte Biotope: Kalte, sauerstoffreiche Flüsse und Seen mit kiesigem oder sandigem Grund, wo sie sich tagsüber zwischen/unter Wurzeln, Steinen und in üppigen Wasserpflanzenbeständen versteckt. Besiedelt auch brackiges Wasser.

Länge in cm (Maul bis Schwanzende): 30–60, in Ausnahmefällen 150

Hauptnahrung: Kleine, zumeist in Bodennähe lebende Fische (wie Kaulbarsche, *Gymnocephalus cernua*, und Gründlinge, *Gobio gobio*), die vorwiegend nachts erbeutet werden. Außerdem plündert die Quappe gern den Laich anderer Arten, weshalb man sie in der Vergangenheit fast ausgerottet hätte.

Laichzeit/Zahl abgesetzter Eier: November–März, 40.000 (große Weibchen bis 5.000.000)

Die Quappe ist eng mit den Dorschen verwandt und hat wie diese einen einzelnen langen Bartfaden am Kinn. Außerdem befinden sich hinter ihrer vorderen Nasenöffnung zwei sehr kurze Barteln, die oftmals übersehen werden.

Die leicht übersehbaren, arttypischen Barteln der Quappe

Regional bezeichnet man die Quappe auch als Trüsche, Trische oder Treische, Rutte, Ruppe, Süßwasserdorsch und aufgrund ihres aalähnlichen Körpers als Aalrutte, Aalquappe, Aalraupe oder Quappaal. Sie ist die einzige Vertreterin ihrer Familie, die im Süßwasser lebt. Ihre Vorfahren waren Meeresbewohner. Die Wissenschaft vermutet, dass diese Vorfahren immer weiter in die Flüsse vordrangen, um ihren Nachwuchs weniger Fressfeinden auszusetzen, welche zu jener Zeit in geringeren Individuenzahlen im Süßwasser präsent waren.

Um in Fortpflanzungsstimmung zu kommen, müssen die Wassertemperaturen 2–6° C betragen. Jene Exemplare, die Fließgewässer bewohnen, beginnen dann flussaufwärts zu ziehen, um ihre teilweise bis 100 km entfernten Laichplätze aufzusuchen. Dabei sind die Männchen sehr bestrebt, vor den Weibchen an den Laichplätzen einzutreffen, denn wer sich verspätet einfindet, geht bei der Paarung fast immer leer aus. Letztere erfolgt zumeist nicht zwischen zwei einzelnen Partnern. Vielmehr drängen sich während der Kopulation, die ausnahmslos in den Nachtstunden stattfindet, stets mehrere Exemplare so dicht aneinander, dass ein zappelndes kugelähnliches Gebilde entsteht. Ihrem genetisch determinierten Paarungsmuster folgend, versuchen die Weibchen dabei so tief wie möglich in diese „Kugel" vorzudringen, weil dort die Befruchtungschancen für ihre Eier am höchsten sind.

Die befruchteten Eier, deren Durchmesser etwa 1mm beträgt, sinken während dieses turbulenten Paarungsspiels zu Boden. Eine anschließende Betreuung/Bewachung des Laichs findet nicht statt. Die nach rund 10 Tagen aus den Eiern schlüpfenden, 3mm langen Larven heften sich nicht an Gegenstände oder Pflanzen, sondern lassen sich frei im Wasser treiben. Beim Vorhandensein von reichlich Nahrung wachsen die jungen Quappen binnen eines Monats auf eine Größe von 2 cm heran und nach einem Jahr sind sie bereits 10–15 cm lang.

Junge Quappe, 20 mm

Anschließend vergehen weitere drei Jahre, bis die Quappen die Geschlechtsreife erreichen.

Rapfen

Leuciscus aspius

Familie: Weißfische, Leuciscidae

Verbreitungsgebiet: Ursprünglich in einem Gebiet beheimatet, das sich vom Rhein bis zur Wolga, der Donau und Südskandinavien erstreckte. In jüngerer Vergangenheit konnte sich der Rapfen durch Zuwanderungen über den Main-Donau-Kanal auch in verschiedenen Gegenden Westeuropas dauerhaft etablieren.

Bevorzugte Biotope: Fließende Gewässer mit starker Strömung und kiesreichem und/oder steinigem Untergrund. Gelegentlich auch in großen Seen sowie im Brackwasser.

Länge in cm (Maul bis Schwanzende): 50–80, Ausnahmeexemplare auch bis 120

Hauptnahrung: Junge Exemplare ernähren sich von kleiner tierischer Nahrung. Mit zunehmendem Alter geht der Rapfen zur Jagd auf Fische über. Wenn sie ihm zufällig vors Maul kommen, werden auch Lurche, kleine Wasservögel und Kleinsäuger erbeutet.

Laichzeit/Zahl abgesetzter Eier: April–Juni, 50.000–300.000

Der Rapfen wird auch als Schied bezeichnet. Er ist der einzige europäische Vertreter aus der Familie der Weißfische, der sich völlig räuberisch ernährt. Dafür wurde er von der Natur mit einem kräftigen Maul und einer für Weißfische sehr großen Maulspalte ausgestattet. Trotz der räuberischen Lebensweise befinden sich aber im Maul des Rapfens keine Zähne. Stattdessen besitzt er, wie alle Angehörigen aus der Ordnung der Karpfenartigen, lediglich Schlundzähne in seinem Rachen.

Während junge Exemplare noch in Schwärmen zusammenleben, führen ältere Individuen ein einzelgängerisches Dasein.

Die bevorzugten Jagdreviere dieses schnellen und sehr wendigen Fisches befinden sich direkt unter der Wasseroberfläche. Hier praktiziert der Rapfen eine bemerkenswerte Jagdmethode. Er stößt mit sehr hoher Geschwindigkeit in Klein- und Jungfischschwärme und schlägt dabei mit seinem gesamten Körper um sich, wobei aber die meiste Kraft von dem Schwanzstiel und der Schwanzflosse entwickelt wird. Bei diesen Jagdmanövern, die von laut platschenden Geräuschen begleitet werden, gewinnt man fast den Eindruck, als würde das Wasser kochen. Dieses Verhalten verursacht eine kurzzeitige Desorientierung, teilweise sogar Betäubung bei den Beutefischen, sodass diese vom Rapfen anschließend problemlos ergriffen werden können.

Rapfen gehören zu den schnellwüchsigen Arten und erreichen oftmals schon nach einem Jahr ein Gewicht von 500 g. Das Höchstalter beträgt etwa 12 Jahre und die Geschlechtsreife dieser Fische setzt im 4. Lebensjahr ein.

Zur Paarungszeit erscheint an Kopf und Vorderkörper der Männchen ein starker Laichausschlag. Rapfen, die in Seen leben, ziehen dann in die Zuflüsse. Nach einem heftigen Paarungsspiel erfolgt das Ablaichen über einer kräftig überströmten Kiesbank, wo die sehr klebrigen Eier an den Steinen haften bleiben. Bei 9–12 °C Wassertemperatur vergehen anschließend 10–16 Tage, bevor die Larven schlüpfen. Diese lassen sich von der Strömung in ruhigere Wasserbereiche treiben, wo sie sich zunächst zwischen Kieselsteinen verstecken, um ihren Dottersackvorrat aufzuzehren. Anschließend beginnen sie, Zooplankton zu jagen und flussabwärts zu wandern.

Das zahnlose Maul des Rapfen

Regenbogenforelle

Oncorhynchus mykiss

Familie: Lachsfische, Salmonidae

Verbreitungsgebiet: Die ursprüngliche Heimat waren die an der Westküste Nordamerikas sowie die auf Kamtschatka befindlichen Fließgewässer. Inzwischen wurde sie fast weltweit durch den Menschen verbreitet, darunter auch in Europa, wo sie mittlerweile nahezu flächendeckend zu finden ist.

Bevorzugte Biotope: Kühle, sauerstoffreiche Fließgewässer und große Seen. Aufgrund ihrer Robustheit und Anpassungsfähigkeit kann die Regenbogenforelle aber auch in vielen anderen Gewässern überleben.

Länge in cm (Maul bis Schwanzende): 30–90 cm, im Extremfall bis 120

Hauptnahrung: Insektenlarven, Würmer, Kleinkrebse, Lurche, Lurchlarven, Fische, tierische Anflugnahrung

Laichzeit/Zahl abgesetzter Eier: Dezember–Mai, 1.600–2.000 pro kg Körpergewicht

Erwachsene Regenbogenforellen besitzen auf ihren Flanken ein rötliches bis rotviolett schimmerndes Längsband. Dieses beginnt hinter den ebenso gefärbten Kiemendeckeln und erstreckt sich bis zum Schwanzstiel. Zur Paarungszeit wird die Farbe dieses Längsbandes intensiviert und verändert sich bis zu einem Weinrot. Von anderen Lachsfischen, allen voran Bachforellen, *Salmo trutta fario*, Saiblinge, *Salvelinus*, und Huchen, *Hucho hucho*, lässt sich die Regenbogenforelle dadurch unterscheiden, dass man außer auf das rötliche Längsband auch auf die kleinen dunklen Punkte achtet, die sich auf dem Rücken, an den Flanken und der Schwanzflosse befinden. Des Weiteren besitzen Regenbogenforellen nie rote Punkte und auch keine weiß abgesetzten Flossensäume.

Die weltweite Verbreitung diese Art als Aquakultur-Fisch basiert auf ihrem außergewöhnlich schnellen Wachstumstempo sowie dem sehr wohlschmeckenden Fleisch. Außerdem reagieren Regenbogenforellen auf Wasserverschmutzungen weniger sensibel als Bachforellen.

Regenbogenforellen können bis zu 11 Jahre alt werden. Erwachsene Exemplare leben zumeist als Einzelgänger. In ihrem Jagdverhalten sind Regenbogenforellen relativ flexibel. Entweder „stehen" sie unter Wurzeln, Steinen oder überhängenden Uferbereichen und warten auf Insekten, die auf die Gewässeroberfläche fallen, oder sie stoßen blitzschnell auf Beutetiere zu, die mit der Strömung herangetragen werden. Eine weitere Jagdmethode, die besonders häufig in größeren stehenden Gewässern praktiziert wird, ist das Herumstreifen im Freiwasser.

Regenbogenforellen erreichen nach 2–3 Jahren die Geschlechtsreife und benötigen zum Laichen eine Wassertemperatur vom mindestens 6 °C.

Das Weibchen schlägt mittels seiner Schwanzflosse und des Schwanzstiels auf einer gut überströmten Kiesbank eine Laichgrube. Nach dem Besamen wird der Laich mit Kieslücken überdeckt. Je nach Wassertemperatur dauert es anschließend 30–60 Tage bevor die Larven schlüpfen. Diese bleiben zunächst in den Kiesritzen versteckt und zehren in den folgenden 2 Wochen ihren Dottersackinhalt auf. Anschlie-

Regenbogenforellen beim Laichen

ßend verlassen sie ihre Verstecke und beginnen, Zooplankton zu jagen. Im Laufe ihrer weiteren Entwicklung zeigen die jungen Regenbogenforellen an ihren Flanken zunächst nicht das rötliche Längsband, sondern dafür in einer Reihe angeordnete, schwärzliche, ovale Flecken, die sich nicht berühren.

Juvenile Regenbogenforelle

Rotauge

Rutilus rutilus

Familie: Weißfische, Leuciscidae

Verbreitungsgebiet: Von den Britischen Inseln über West- und Mitteleuropa bis Mittelskandinavien und Sibirien. Fehlt auf der Iberischen Halbinsel, größtenteils auch in den Adriaanrainerstaaten inklusive Italien sowie in Griechenland.

Bevorzugte Biotope: Nicht zu kalte Gewässer aller Art. Kommt auch im Brackwasser der Nord- und Ostsee vor.

Länge in cm (Maul bis Schwanzende): 20–35, maximal 50 cm

Hauptnahrung: Würmer, Krebse, Muscheln, Schnecken, Insektenlarven sowie zarte Pflanzenteile

Laichzeit/Zahl abgesetzter Eier: April–Mail, 5.000–10.000

Das Rotauge gehört zu den häufigsten Fischarten Mitteleuropas und ist auch als Plötze, Riddau, Unechte Rotfeder oder Schwal bekannt. Der Artname leitet sich von der leuchtend roten Regenbogenhaut (Iris) ab, die ein Bestandteil des Auges ist.

Phänotypisch wird oft zwischen gut genährten, relativ hochrückigen „Palmplötzen“ und langgestreckten, zumeist aus nahrungsarmen Gewässern stammenden „Schmalplötzen“ unterschieden. Bei Gartenteichbesitzern erfreuen sich sogenannte Goldplötzen großer Beliebtheit. Dabei handelt es sich um Mutanten, deren Körper teilweise gelb- bis rotorange gefärbt ist.

Die etwas schreckhaften, jedoch weitgehend anspruchslosen Rotaugen können bis 12 Jahre alt werden. Sie wachsen sehr langsam und erreichen oft erst zwischen ihrem 8. und 10. Lebensjahr eine Länge von 20 cm. Die Weibchen weisen dann einen wesentlich kompakteren Körperbau auf als die Männchen. Am wohlsten fühlen sich Rotaugen in der Gemeinschaft von Artgenossen, mit denen sie möglichst dauerhaft kleine Schwärme bilden. Die jüngeren Exemplare halten sich am liebsten in ufernaher Unterwasservegetation auf, während die älteren Individuen häufig im uferferneren Wasser „stehen“. Im Spätherbst ziehen sich Rotaugen in tiefere Gewässerabschnitte zurück und nehmen während der kalten Jahreszeit kaum Nahrung zu sich.

Rotaugen werden nach 2–3 Jahren geschlechtsreif. Zur Paarungszeit bildet sich am Kopf und Rumpf der Männchen grießähnlicher Laichausschlag. Das Ablaichen erfolgt ab einer Wassertemperatur von 10 °C, in seichten, möglichst üppig bewachsenen Uferbereichen. In Fließgewässern lebende Rotaugen ziehen dabei eine kleine Strecke flussaufwärts, wobei die Männchen etwas früher an den Laichplätzen erscheinen als die Weibchen. Sobald die Weibchen dazustoßen, beginnt ein heftiges Balzspiel, das von lautem Plätschern begleitet wird. Das Ablaichen erfolgt in mehreren Schüben und hält etwa eine Woche lang an. Während dieser Zeit heften die Weibchen ihre leicht klebrigen Eier an Wasserpflanzen, Steine und Totholzstücke.

Eine Uferregion, wie sie Rotaugen mögen

Je nach Wassertemperatur vergehen anschließend 4–10 Tage, bis die Larven schlüpfen. Diese bleiben weitere 2–5 Tage mittels ihrer am Kopf befindlichen Klebedrüsen an den Pflanzen beziehungsweise Gegenständen hängen, um ihren Dottersackinhalt aufzuzehren.

Vor allem in stehenden, von Abwasser belasteten Gewässern, in denen große Rotaugenpopulationen vorhanden sind und kein Feinddruck vorherrscht, neigen diese Fische schnell zur Verbuttung.

Laichplatz von Rotaugen

Rotfeder

Scardinius erythrophthalmus

Familie: Weißfische, Leuciscidae

Verbreitungsgebiet: Vom Ural und Südfinnland über Mitteleuropa bis Italien Nordfrankreich und Irland. In Neuseeland ausgesetzt, wo sich Rotfedern zur Plage entwickelten.

Bevorzugte Biotope: wärmere, stehende und langsam fließende Gewässer mit weichem Untergrund und reichlicher Unterwasservegetation

Länge in cm (Maul bis Schwanzende): 15–30, Ausnahmeexemplare bis 45

Hauptnahrung: Vor allem weiche Unterwasserpflanzen, Wasserlinsen und Fadenalgen. Außerdem werden Weichtiere sowie auf die Wasseroberfläche gefallene Insekten erbeutet. Einige regionale Populationen, beispielsweise in manchen Bereichen der Wolga, zeigen bezüglich der Nahrung stark abweichende Präferenzen, indem sie eifrig kleinen Jungfischen nachstellen.

Laichzeit/Zahl abgesetzter Eier: April–Juni, bis 200.000

Ihren Populärnamen erhielt diese Art aufgrund der orange- bis blutrot gefärbten Flossen, die im Kontrast zu dem mehr oder weniger silbrigen bis schwachgrün-silbrigen Körper stehen. Ähnlich wie Schleien, *Tinca tinca*, und Karauschen, *Carassius carassius*, kommen auch Rotfedern noch relativ gut mit niedrigen Sauerstoffgehalten im Wasser zurecht. Aus diesem Grund findet man Rotfedern auch oft in Kleingewässern. Dorthin wurden sie zumeist von Wasservögeln verfrachtet, an deren Gefieder Laich von Rotfedern haftete.

Während der wärmeren Jahreszeit streifen Rotfedern gern mit Artgenossen in ufernahen Bereichen herum, wo sie in den Morgen- und Abendstunden ihre größten Aktivitäten zeigen. Dagegen halten sie sich im Winter vorwiegend in den tieferen Gewässerregionen auf, wobei sie gleichzeitig ihre Stoffwechselvorgänge stark reduzieren. Dieses Reduzieren stellt auch eine Anpassung an die im Herbst beginnende Nahrungsverknappung dar, denn in der kalten Jahreszeit stagnieren die Wasserpflanzen im Wachstum.

Um die einander stark ähnelnden Rotaugen, *Rutilus rutilus*, und Rotfedern nicht zu verwechseln, ist es empfehlenswert, die Ansatzstellen der Rücken- und Bauchflossen zu vergleichen. Zieht man bei dem Rotauge eine gedachte, senkrechte Linie von der Rückenflosse nach unten, stoßen die Ansätze der Bauchflossen an diese an. Dagegen ragen die Bauchflossenansätze bei der Rotfeder über diese Senkrechte hinaus und befinden sich somit vor dem Ansatz der Rückenflosse. Außerdem haben die Rotfedern eine etwas höher sitzende Maulspalte.

Wasserpflanzen haben aber nicht nur als Nahrung und potenzielle Verstecke, sondern auch als Laichsubstrate eine große Bedeutung für die Rotfedern. Während der Laichzeit erscheint beim Männchen an Kopf, Nacken und Kehlbereich ein weißlicher, körnchenartiger Laichausschlag.

Nachdem das Weibchen seinen klebrigen, farblosen bis blassgelben Laich abgesetzt hat, übernimmt das Männchen die Bewachung und Verteidigung des Geleges. Weil die Rotfeder oftmals zeitgleich mit Rotaugen und Güstern, *Blicca bjoerkna*, ablaicht, kommt es nicht selten zu Bastardisierungen zwischen diesen Fischen.

Die nächste Verwandte der Rotfeder ist die Griechische Rotfeder, *Scardinius graecus*. Letztere weist nicht nur einen etwas schlankeren Körperbau auf, sondern bewohnt auch nur einige wenige Gewässer im südlichen Griechenland.

Die Bauchflossenansätze befinden sich bei der Rotfeder vor dem Ansatz der Rückenflosse.

Schlammpeitzger

Misgurnus fossilis

Familie: Steinbeißer, Cobitidae

Verbreitungsgebiet: Von Frankreich über Mitteleuropa bis zum Einzugsgebiet der Wolga. Fehlt auf den Britischen Inseln, in Skandinavien sowie den Mittelmeeranrainerstaaten.

Bevorzugte Biotope: Stehende und langsam fließende, wärmere Gewässer mit schlammigem Untergrund.

Länge in cm (Maul bis Schwanzende): 15–35, die Männchen sind etwas kleiner als die Weibchen

Hauptnahrung: Muscheln, Schnecken, Kleinkrebse und Insektenlarven

Laichzeit/Zahl abgesetzter Eier: April–Juni, 70.000–150.000

Auch als Europäischer Schlammpeitzger und umgangssprachlich als Schlammbeißer bezeichnet. Regional wird das Wort Peitzger auch für Schmerlen verwendet. Vieles deutet darauf hin, dass dieses Wort eine Ableitung von dem tschechischen „piskati“ ist, das so viel wie „pfeifen“ bedeutet, denn sobald man einen Schlammpeitzger ergreift, verursacht die aus seiner Schwimmblase entweichende Luft einen Pfeifton.

Im Unterschied zum Schlammpeitzger besitzt die Bachschmerle, *Barbatula barbatula*, keine Barteln am Unterkiefer und der Steinbeißer, *Cobitis taenia*, hat einen aufrichtbaren, zweispitzigen Dorn zwischen den Augen.

Beim bis zu 21 Jahre alt werdenden Schlammpeitzger handelt es sich um einen stark bodenorientierten, nachtaktiven Fisch. Während der hellen Tagstunden hält er sich beispielsweise unter Wurzeln und Totholz versteckt. Der Schlammpeitzger kann dauerhaft in Gewässern mit einer extrem geringen Sauerstoffkonzentration überleben, weil ihn die Natur neben der Kiemen- mit einer zusätzlichen Darmatmung ausgestattet hat. Zu diesem Zweck schwimmt der Schlammpeitzger an die Wasseroberfläche und verschluckt dort Luft, welche in seinem von zahlreichen Blutgefäßen umgebenen Darm resorbiert wird. Ein solches „Lufttanken“ lässt sich besonders häufig vor Wetterwechseln beobachten, weshalb der Schlammpeitzger auch „Wetterfisch“ genannt wird. In diesem Zusammenhang ist interessant, dass die sonst nachtaktiven Fische bereits mehrere Stunden vor einem aufziehenden Gewitter auch tagsüber eine große Unruhe, verbunden mit vermehrten Aktivitäten, zeigen.

Außer über den Darm kann der Schlammpeitzger auch über seine Haut Sauerstoff aufnehmen. Dadurch ist es ihm möglich, sich beim Trockenfallen des Gewässers bis 50 cm tief ins Bodensubstrat einzugraben und die Wasserlosigkeit über mehrere Monate hinweg in einem schlafähnlichen Ruhezustand zu überleben. Im Unterschied dazu erfolgt in der kalten Jahreszeit ein vom Wasserstand unabhängiger Winterschlaf, zu dem sich der Schlammpeitzger ebenfalls ins Bodensubstrat hineingräbt.

Das Geschlecht der erwachsenen Schlammpeitzger lässt sich anhand der Brust- und Bauchflossen feststellen, die bei dem Männchen nicht nur um ein Drittel länger sind, sondern auch spitzer auslaufen. Auch weist das Männchen einen Paarungswulst unter der Rückenflosse auf.

Zur Paarungszeit werden die klebrigen Eier über mehrere Wochen hinweg gelegt. Während der Paarungen umschlingen sich die Partner gegenseitig und das Weibchen heftet seine Eier an Pflanzen oder Wurzelhölzer. Anschließend dauert es 10 Tage, bis die Larven schlüpfen. Bei ihnen sind eine Zeit lang äußere Kiemenfäden vorhanden, die es ermöglichen, den Wassersauerstoff optimal zu nutzen.

Schlammpeitzger-Paar

Schleie

Tinca tinca

Familie: Tincidae

Verbreitungsgebiet: von Europa, außer Griechenland, Dalmatien, dem schottischen Hochland und Nordskandinavien, bis Mittelsibirien und Kleinasien

Bevorzugte Biotope: Wärmere, pflanzenreiche, stehende und langsam fließende Gewässer mit schlammigem Untergrund. Aufgrund ihrer hohen Anpassungsfähigkeit ist die Schleie auch im Brackwasser zu finden.

Länge in cm (Maul bis Schwanzende): 20–40, in Ausnahmefällen bis 70

Hauptnahrung: Würmer, Insektenlarven, kleine Muscheln und Schnecken. Die besonders häufig gefressene Schneckenart Gemeine Schnauzenschnecke, *Bithynia tentaculata*, trägt sogar den Populärnamen „Schlei-Schnecke". Ergänzt werden diese tierischen Nahrungskomponenten durch die gelegentliche Aufnahme von Algen.

Laichzeit/Zahl abgesetzter Eier: April–Juli, 300.000

Goldschleie

Rogner (oben) und Milchner (unten)

Schleien benötigen zum Laichen eine Wassertemperatur von mindestens 18 °C. Ist diese Voraussetzung vorhanden, formieren sich die Schleien zu kleinen Trupps und laichen innerhalb von 1–2 Wochen portionsweise an krautigen Pflanzen im ufernahen Flachwasser ab. Hierbei wird der Laichplatz immer so gewählt, dass später Sonnenstrahlen darauf fallen.

Ihren Namen verdanken diese Fische den kleinen, tief in die Haut eingebetteten Schuppen, die von einem dicken *SCHLEI*m überzogen werden. Aufgrund dieses Schleims fühlen sich die Schleien sehr schlüpfrig an, weshalb sie regional auch die Bezeichnung Schlüpfling (und außerdem Schuster) erhielten. Die zwei beidseitig an den Mundwinkeln vorhandenen kleinen Barteln und das unterständige Maul deuten bereits darauf hin, dass es sich bei der Schleie um einen stark bodenorientierten Fisch handelt. Eine Hauptbeschäftigung der Schleie besteht darin, mit ihrem Maul den Untergrund nach Fressbarem zu durchwühlen.

Schleien gehören zu jenen Fischarten, bei denen überdurchschnittlich häufig Farbmutationen vorkommen. So treten neben olivgrün-goldenen Exemplaren in der Natur auch immer wieder Individuen mit fast völlig goldgelber oder rötlicher Färbung auf. Derartige Exemplare fungierten als Basistiere beim Aufbau von Zuchtstämmen sogenannter Goldschleien, welche vor allem als Gartenteichfische beliebt sind.

Die Geschlechter lassen sich recht gut anhand der Bauchflossen bestimmen. Während diese bei den Männchen sehr groß und löffelähnlich geformt sind, besitzen weibliche Schleien spitzere, annähernd dreieckige Bauchflossen.

Schleien sind äußerst robuste Tiere, die sowohl sehr niedrige als auch hohe pH-Werte und geringe Sauerstoffgehalte des Wassers deutlich besser als die meisten anderen Fischarten tolerieren. Deshalb ist es ihnen auch möglich, dauerhaft in verhältnismäßig kleinen Tümpeln und Teichen zu überleben. Sinkt im Sommer der Sauerstoffgehalt in dem Gewässer auf ein kritisches Niveau, graben sich die Schleien im Boden ein und verfallen in einen als Hitzestarre bezeichneten Zustand. Dabei fahren sie ihren Stoffwechsel und somit ihren Sauerstoffbedarf auf ein Minimum herunter. In einen ähnlichen Zustand, den man Kältestarre nennt, können die Schleien auch während der Wintermonate verfallen, wenn das Gewässer bis fast zum Grund zufriert.

Schneider

Alburnoides bipunctatus

Familie: Weißfische, Leuciscidae

Verbreitungsgebiet: Von Frankreich über das Einzugsgebiet der Donau und Mitteleuropa bis zum Ural und weit nach Kasachstan. Fehlt in Skandinavien, auf den Britischen Inseln, der Iberischen Halbinsel sowie in den Anrainerländern der Adria.

Bevorzugte Biotope: Kleinere klare, sehr sauerstoffreiche, schnell fließende Gewässer, in denen die Wassertemperatur nie über 25 °C ansteigt. Gelegentlich auch in kühleren Seen.

Länge in cm (Maul bis Schwanzende): 9–13, in seltenen Fällen auch bis zu 17. Die Weibchen sind durchschnittlich etwas größer und wirken in ihrer Erscheinung massiger.

Hauptnahrung: Würmer, Kleinkrebse und Insektenlarven. Fällt tierische Anflugnahrung auf die Wasseroberfläche, schwimmen die Schneider blitzschnell nach oben, um diese ebenfalls zu fressen. Als Nahrungsergänzung dienen Kieselalgen.

Laichzeit/Zahl abgesetzter Eier: Mai–Juni, etwa 200

Der Schneider wird auch als Alandblecke, Breitblecke und Schusslaube bezeichnet. Zu den markanten Erkennungsmerkmalen des Schneiders gehören zwei über und unter der Seitenlinie verlaufende schwarze Säume. Diese erinnern mit etwas Fantasie an eine Schnittwunde und standen bei der Namensgebung Pate. Des Weiteren erstreckt sich ein dunkles, breites Längsband vom Kiemendeckel bis zur Schwanzwurzel, welches während der Laichzeit besonders gut sichtbar wird. Im Unterschied zum Schneider besitzt der Strömer, *Telestes souffia*, eine deutlich kürzere Afterflosse sowie eine Seitenlinie, die schwächer nach unten gewölbt ist.

Der Schneider hat sich sehr empfindlich gegenüber Gewässerausbaumaßnahmen sowie Wasserverschmutzungen erwiesen. Aus diesem Grund ist er in seinem Verbreitungsgebiet auch nicht flächendeckend, sondern oftmals nur punktuell beziehungsweise inselartig vorhanden. Dadurch verringern sich die Möglichkeiten für den Genaustausch, wodurch gleichzeitig das Inzuchtrisiko ansteigt. In den letzten Jahren konnten sich allerdings aufgrund einer allmählich verbessernden Wasserqualität mancherorts die Bestände des Schneiders wieder etwas erholen.

Bei den Schneidern handelt es sich um sehr gesellig lebende Fische, die sich bevorzugt in den tieferen Gewässerbereichen aufhalten. Dort „stehen" diese Fische häufig – den Kopf voran – in der Strömung.

Schneider laichen erstmalig im Alter von zwei Jahren ab. Eine Grundvoraussetzung, damit diese Fische in Paarungsstimmung kommen, ist eine Wassertemperatur von mindestens 12 °C. Dann beginnen die Schneider ihre Färbung zu intensivieren. Außerdem bekommen die Männchen einen feinen weißlichen, grießähnlichen Laichausschlag. Das Laichen erfolgt im Schwarm über kieshaltigen, stark überströmten Stellen. Dabei heften die Weibchen ihre sehr klebrigen Eier tief im Kies fest. Die Eiablage erfolgt in zeitlichen Abständen von rund drei Wochen mehrere Male. Die meisten Schneiderweibchen laichen während ihres Lebens nur ein- bis zweimal. Bis zum Schlupf der Larven dauert es eine gute Woche. Bis sie ihren Dottersackvorrat aufgezehrt haben, bleiben die Larven im lückigen Kiesgrund versteckt.

Larve

Danach ziehen sie in flache Uferbereiche, in denen eine schwächere Strömung vorherrscht.

Jungfischschwarm

Schrätzer

Gymnocephalus schraetser

Familie: Echte Barsche, Percidae

Verbreitungsgebiet: Ausschließlich in der Donau sowie in einigen von deren Nebenflüssen. Gegenwärtig sind nachweisliche Bestände in der Naab, dem Regen und der Schwarzach bekannt.

Bevorzugte Biotope: Das jeweilige Gewässer muss nicht nur tief sein, sondern auch eine Strömung von etwa 25 cm/s aufweisen. Außerdem benötigt der Schrätzer sehr sauerstoffreiches, sauberes Wasser.

Länge in cm (Maul bis Schwanzende): 15–25, Ausnahmeexemplare bis 30

Hauptnahrung: Insektenlarven, Kleinkrebse, Weichtiere, Fischlaich, Jungfische bis 30 mm Länge und (nächtliche) Anflugnahrung

Laichzeit/Zahl abgesetzter Eier: April–Mai, etwa 2.000–2.500

Der bereits in früheren Zeiten sehr seltene und gegenwärtig in seinem Bestand extrem gefährdete Schrätzer wird gelegentlich auch als Schratz bezeichnet. Er besitzt eine ungeteilte Rückenflosse, die jedoch zwischen dem vorderen und hinteren Teil eingekerbt ist. Außerdem weisen die Rücken- und die Schwanzflosse zahlreiche dunkle Pünktchen auf. Die Brustflossen sind (zumindest teilweise) oft rötlich gefärbt. Über den hellzitronen- bis dunkelgelben Körper, an dem die Seitenlinie nur unvollständig ausgebildet ist, ziehen 3–4 unterbrochene Längstreifen. Derartig deutlich ausgebildete Längstreifen sind bei keiner anderen europäischen Barschart vorhanden. Der Körper ist von kleinen Kammschuppen bedeckt, die von einer dicken Schleimschicht überzogen werden. Deshalb fühlt sich der Schrätzer auch nicht rau an, wie beispielsweise der Zander, *Sander lucioperca*, sondern klitschig weich.

Kammschuppe eines Schrätzers

Nach gegenwärtigem Wissensstand leben Schrätzer in kleineren Gruppen zusammen. Tagsüber halten sie sich bevorzugt in tiefen Bereichen des Gewässers über sandigem, kiesreichem oder steinigem Untergrund auf und ziehen erst beim Einsetzen der Dunkelheit in flachere, ufernahe Bereiche.

Zu Beginn der Paarungszeit intensivieren vor allem die Männchen sowohl ihre Färbung als auch ihren Glanz.

Zusammen mit den Weibchen wandern sie flussaufwärts, um im klaren Wasser auf reichlich überströmten Kiesbänken zu laichen. Die klebrigen Eier werden von beiden Partnern im feinen, schwach überströmten Kiesgrund mit kräftigen Schlägen der Schwanzflossen eingegraben.

In den letzten Jahrzehnten sind saubere Laichplätze leider sehr rar geworden, weil sich zwischen den Kieselsteinen zunehmend mehr Schwebteilchen ablagern. Diese Ablagerungen beeinträchtigen die Entwicklung des Laichs oder verhindern diese sogar völlig, weil die Eier von totbringenden Pilzen befallen werden. Nach 6–10 Tagen schlüpfen die Larven.

Sobald diese ihren Dottersackinhalt aufgezehrt haben, beginnen sie Zooplankton zu jagen. Das weitere Wachstum der jungen Schrätzer geht sehr langsam vonstatten.

Sehr wahrscheinlich erweisen sich nicht nur die Verschmutzung der Gewässer und die Verknappung geeigneter Laichplätze als Probleme für die Schrät-

Ei des Schrätzers

zer, sondern auch der überhöhte Besatz mit Aalen. Der Schrätzer gehört zum Beutespektrum des Aals, wodurch seine ohnehin schon geringen Bestände noch weiter dezimiert werden.

In Deutschland steht der Schrätzer ganzjährig unter Schutz und darf deshalb auch nicht mit der Angel gefangen werden.

Milchner und Rogner am Laichplatz

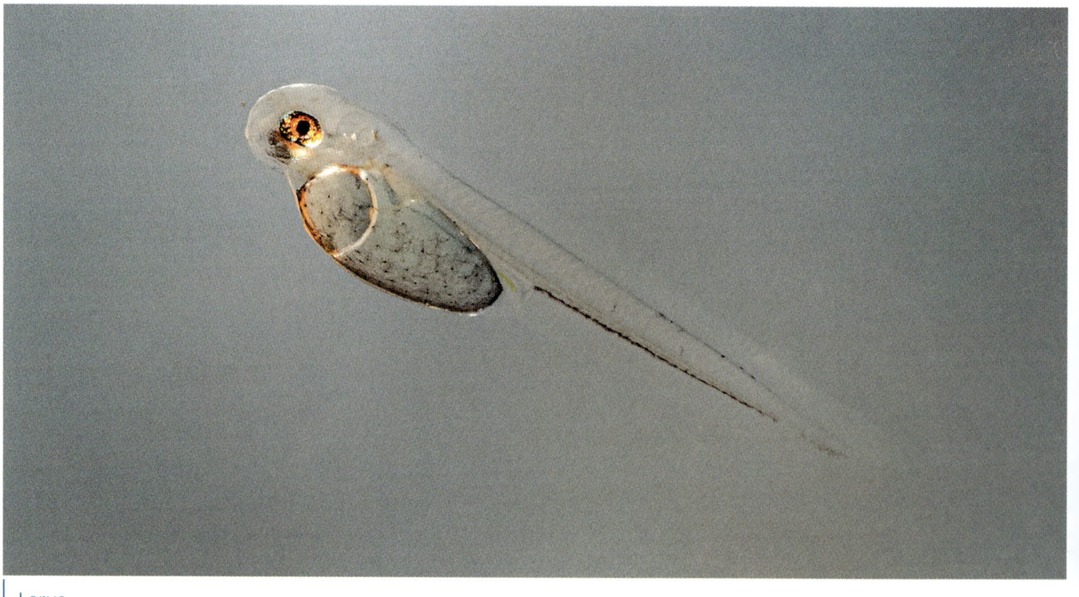

Larve

Seesaibling

Salvelinus alpinus

Familie: Lachsfische, Salmonidae

Verbreitungsgebiet: Isolierte Vorkommen in Binnenseen (vornehmlich in den Alpen und Pyrenäen). Des Weiteren an den finnischen und russischen Küsten, welche an die Barentssee grenzen, über Schweden und Norwegen, Großbritannien, Irland, Island, Grönland bis in den Norden Nordamerikas.

Bevorzugte Biotope: Kalte, tiefe, sauerstoffreiche Seen, mit kiesigem oder steinigem Untergrund. Außerdem in küstennahen Flüssen sowie im Brackwasser.

Länge in cm (Maul bis Schwanzende): Stationäre Form 20–40, in sehr nahrungsarmen Gewässern auch nur 10–20. Ein Beispiel für eine Zwergform ist der sogenannte Schwarzreuther, der den Königssee besiedelt. Wanderform 50–80.

Hauptnahrung: Je nach Formengruppe, der die Seesaiblinge angehören, werden bevorzugt Insektenlarven, Kleinkrebse, Muscheln, Schnecken und Fische gefressen.

Laichzeit/Zahl abgesetzter Eier: September–Januar, je kg Körpergewicht 3.000–4.000 Eier

Der Seesaibling wird auch als Wandersaibling, Rotforelle, Ritter und Rötel bezeichnet. Je nach Gewässer, in dem die Seesaiblinge vorkommen, unterscheidet man zwischen einer weitgehend stationären (See-Population) und einer Wanderform. Letztere lebt im Meer. Von dort kehren die erwachsenen Exemplare zur Laichzeit in jene Gewässer zurück, in denen sie geboren wurden. Vor allem die Individuen der isolierten Populationen haben (in Abhängigkeit von dem See, in dem sie leben) abweichende Färbungen entwickelt.

Diese Exemplare bilden bis zur Vollendung ihres vierten Lebensjahrs Schwärme. Anschließend streifen sie bevorzugt als Einzelgänger herum.

Seesaiblinge können über 30 Jahre alt werden. Die Geschlechtsreife setzt bei ihnen zwischen dem 5. und 10. Lebensjahr ein. Zur Paarungszeit intensivieren die Seesaiblinge ihre Färbung erheblich und verwandeln sich zu überaus prächtigen Erscheinungen unter den Lachsfischen.

Die Wanderform zieht im Oktober aus dem Meer in die Flüsse. In letzteren werden dann oft Strecken von mehreren hundert Kilometern zurückgelegt. Während dieser „Reise" reifen die Geschlechtsprodukte bei den Seesaiblingen komplett aus. Das Ablaichen, das zu jeder Tageszeit stattfinden kann, erfolgt über kiesigem Untergrund, in welchen die Weibchen mittels ihrer Schwanzflossen und Schwanzstiele Laichgruben schlagen. Anschließend schwimmt ein Männchen zu dem Weibchen, drückt sich an dessen Seite und beginnt, leicht zu zittern. Dabei geben beide Partner ihre Geschlechtsprodukte ab. Zum Schluss wird das Gelege mit Kies oder Sand bedeckt. Bei der Wanderform wurde aber auch schon mehrfach beobachtet, dass sie nicht im Oktober/November laicht, sondern in den tieferen Bereichen der Flüsse überwintern und erst im Frühjahr „Hochzeit hält".

Die in Seen ansässigen Seesaiblinge suchen zum Ablaichen ebenfalls kiesige Stellen auf, die sich oft 3–5 m unter der Wasseroberfläche befinden. Bis zum Schlupf der Larven vergehen 3–4 Monate. Anschließend zehren diese vier Wochen lang von ihrem Dottersackinhalt. Danach beginnen die Larven, vornehmlich Kleinkrebse und winzige Insektenlarven zu jagen. Dabei halten sie sich häufig für weitere Wochen in der Nähe derjenigen Stelle auf, wo sie aus den Eiern schlüpften.

Juveniler Seesaibling

Seesaibling im Hintersee

Seesaibling aus dem Ammersee

Silberkarpfen

Hypophthalmichthys molitrix

Familie: Xenocyprididae

Verbreitungsgebiet: Ursprünglich war der Silberkarpfen nur im Amur, samt dessen Nebenflüssen und den damit verbundenen großen stehenden Gewässern sowie in Zentralchina heimisch. In China wurde er bereits ab dem 10. Jahrhundert durch den Menschen verbreitet. Ab 1960 auch in Mitteleuropa und 10 Jahre später in den USA ausgesetzt, wo er sich schnell ausbreitete.

Bevorzugte Biotope: große, strömungsreiche, warme Fließgewässer, ferner auch große Seen

Länge in cm (Maul bis Schwanzende): 70–100, in Ausnahmefällen bis 130

Hauptnahrung: Bis zu einer Körperlänge von 4–5 cm vorwiegend Zooplankton. Anschließend wird fast nur noch Phytoplankton in Form feinster (Schweb-)Algen aufgenommen. Diese filtert der Silberkarpfen mit seinem zu einem feinmaschigen Sieb verwachsenen Kiemenreusen aus dem Wasser.

Laichzeit/Zahl abgesetzter Eier: in seiner ursprünglichen Heimat April–Mai, 500.000

Für den Silberkarpfen sind auch die Bezeichnungen Tolstolob, Silberfisch und Silberamur gebräuchlich. Ein ganz charakteristisches Merkmal ist der Bauchkiel dieses Fisches, der sich vom Kopf bis zur Afterflosse erstreckt. Im Unterschied dazu zieht bei dem Marmorkarpfen, *Hypophthalmichthys nobilis*, der Bauchkiel nur von den Bauchflossen bis zur Afterflosse. Nur junge Exemplare weisen eine silbrige Körperfärbung auf. Bei älteren Individuen ist der Rücken dunkelgrün bis dunkelgrau. Die Flanken und der Bauch zeigen einen mehr oder weniger intensiven bleigrauen Farbton. Sämtliche Schuppen sind sehr klein. Täglich werden 130 dieser Schuppen abgestoßen und durch neue ersetzt.

Weil die Algennahrung einen sehr geringen Energiegehalt aufweist und deshalb so viel wie nur möglich resorbiert werden muss, besitzen erwachsene Silberkarpfen einen stark in Schlingen gelegten Darm, der annähernd 15-mal so lang ist wie ihr Körper. Sobald die Dichte an Schwebalgen an dem jeweiligen Aufenthaltsort abnimmt, wechseln die Silberkarpfen zu einem anderen (ergiebigeren) Gewässerabschnitt.

Silberkarpfen können bis zu 15 Jahre alt werden und leben sehr gesellig mit Artgenossen zusammen. Es handelt sich bei ihnen um sehr scheue und zugleich äußerst schreckhafte Fische. Bei Beunruhigungen, beispielsweise durch plötzliche Beschattungen des Gewässers oder Geräusche, die durch Motorboote verursacht werden, springen sie bis zu 2 m aus dem Wasser. Manchmal landen sie dabei sogar in dem vorbeifahrenden Motorboot.

Silberkarpfen werden im Alter von 3–5 Jahren geschlechtsreif. Unter den klimatischen Bedingungen Mitteleuropas vermehren sie sich nur äußerst selten auf natürliche Weise, denn dazu ist es notwendig, dass sich die Wassertemperaturen über mehrere Tage hinweg auf mindestens 24–25 °C einpegeln. In Fällen, in denen in Europa eine Vermehrung erfolgt, ist die Zahl der ausgestoßenen Eier wesentlich niedriger als in den Ursprungsbiotopen der Silberkarpfen. Abgelaicht wird in strömendem Wasser. Nach etwa 40 Stunden schlüpfen die Larven, die zunächst ihren Dottersackinhalt aufzehren und anschließend beginnen, Zooplankton zu fressen.

Steinbeißer

Cobitis taenia

Familie: Steinbeißer, Cobitidae

Verbreitungsgebiet: Mit Ausnahme Nordskandinaviens, Irlands und Teilen Großbritanniens im restlichen Europa sowie in Sibirien beheimatet. In diesem riesigen Verbreitungsgebiet hat der Steinbeißer mehrere, lokal begrenzte Unterarten hervorgebracht.

Bevorzugte Biotope: Klare, fließende oder stehende Gewässer mit sandigem oder kiesigem Bodensubstrat.

Länge in cm (Maul bis Schwanzende): 5–12, maximal 13

Hauptnahrung: Kleintiere und kleine, zu Boden gesunkene, organische Materialien

Laichzeit/Zahl abgesetzter Eier: April–Juni, 300 und 1500

Die Populärbezeichnung des Steinbeißers kann zu Irritationen führen, weil dieser Begriff gelegentlich auch für den im Meer lebenden Bering-Seewolf, *Anarhichas orientalis*, verwendet wird.

Von der Bachschmerle, *Barbatula barbatula*, an deren Oberkiefer ebenfalls sechs kleine Barteln vorhanden sind, lässt sich der Steinbeißer anhand einer Längsreihe dunkler Flecken unterscheiden, die über seine Flanke zieht (die Bachschmerle zeigt dagegen eine unregelmäßige Marmorierung). Des Weiteren befindet sich unter den Augen des Steinbeißers ein aufrichtbarer, doppelspitziger Dorn, mit dem der Steinbeißer Fressfeinden schmerzhafte Stiche zufügen kann. Aufgrund dieser Dornen wird der Steinbeißer auch Dorngrundel genannt.

Dagegen leitet sich die Bezeichnung „Steinbeißer" vom Fressverhalten dieses Fisches ab. Nahrungssuchend nimmt er nämlich ständig feines Bodensubstrat auf, kaut dieses durch und stößt die ungenießbaren/unverdaulichen Bestandteile durch die Kiemenspalten wieder nach außen.

Ähnlich wie einige andere Fischarten sind auch Steinbeißer zu einer Darmatmung befähigt. In Zeiten, in denen der Sauerstoffgehalt des Wassers nicht ausreicht, schwimmen sie zur Wasseroberfläche, um dort zusätzlich atmosphärische Luft aufzunehmen. Aus der verschluckten atmosphärischen Luft wird im Enddarm der Steinbeißer ein Großteil des Sauerstoffs herausgefiltert. Anschließend scheiden die Steinbeißer die restlichen Gase über den After aus.

Bei Steinbeißern handelt es sich um stark bodenorientierte Fische, die sich tagsüber im Sand eingraben, aus dem anschließend nur noch der Kopf und der Schwanz herausragen. Mit Einbruch der Dämmerung werden sie aktiv und begeben sich auf Nahrungssuche.

Zur Laichzeit versammeln sich die paarungsbereiten Steinbeißer in Ufernähe, um ihre Eier an bodennahen Steinen, Wurzeln und/oder Wasserpflanzen abzulegen. Eine Brutpflege wird nicht betrieben. Die Larven schlüpfen nach 4–6 Tagen.

Manche Steinbeißer-Weibchen sind in der Lage, sich mittels Gynogenese fortzupflanzen. Dazu müssen diese Weibchen triploid, also mit drei haploiden Chromosomensätzen, ausgestattet sein. Um eine Teilung (und damit die Voraussetzung zur Entste-

Milchner und Rogner

hung eines neuen Fisches) in ihren triploiden Eizellen auszulösen, genügt bereits der Kontakt mit den männlichen Geschlechtszellen, ohne dass eine Befruchtung stattfindet. Die Nachkommen, die aus diesen triploiden Eizellen hervorgehen, sind stets weiblich.

Im Sand eingegrabener Steinbeißer

Steingressling

Romanogobio uranoscopus

Familie: Gründlingsverwandte, Gobionidae

Verbreitungsgebiet: Teile des Einzugsgebietes der Donau von Deutschland über Österreich bis Rumänien sowie Teile Sloweniens, Ungarns, Kroatiens, der Ukraine, der Republik Moldau, Bulgariens und Griechenlands

Bevorzugte Biotope: Saubere, sauerstoffreiche Fließgewässer mit schneller Strömungsgeschwindigkeit, in denen ein kiesiges bis sandiges Bodensubstrat vorhanden ist.

Länge in cm (Maul bis Schwanzende): 8–12, selten größer als 15

Hauptnahrung: Insektenlarven, Kleinkrebse, Würmer, Fisch- und Lurchlaich und gelegentlich zarte Pflanzenteile

Laichzeit/Zahl abgesetzter Eier: Mai–Juni, 1.000–2.000

Der Steingressling wird auch als Steinkresse, Wapper und Gräßling bezeichnet. Zudem sind die Schreibweisen „Steingreßling und Steinkreßling" nicht unüblich. Beim Steingressling handelt es sich um eine akut vom Aussterben bedrohte Art. Zu vagen Hoffnungen, dass diese Art doch noch in der Natur erhalten werden kann, geben einige Nachweise Anlass, die in den letzten Jahrzehnten erfolgten. Beispielsweise wurden im Jahre 2009 erstmal seit mehr als 100 Jahren wieder Steingresslinge im bayrischen Bereich des Lechs nachgewiesen.

Steingresslinge besitzen einen langgestreckten, fast drehrunden Körper. Der Schwanzstiel ist allerdings recht dünn. An der Oberlippe des unterständigen Mauls befindet sich beidseitig eine Bartel, die bis kurz hinter das Auge reicht.

Die Barteln des Gründlings, Gobio gobio, mit dem der Steingressling oft verwechselt wird, erstrecken sich maximal bis zum Vorderrand des Auges. Außerdem handelt es sich beim Steingressling um die einzige Gründlings-Art, die an ihrer Kehle Schuppen besitzt. Die Augen des Steingressling sind weit in Richtung Stirn gerückt, worauf auch sein wissenschaftlicher Artname indirekt Bezug nimmt, denn „uranoscopus" bedeutet „Himmelsgucker".

Steingresslinge können 6 Jahre alt werden. Am wohlsten fühlen sie sich in der Gemeinschaft von Artgenossen, mit denen sie kleine Verbände bilden. Als unmittelbaren Lebensraum bevorzugen die erwachsenen Exemplare Gewässerbereiche mit stärkerer Strömung, während sich die Jungfische häufiger in Bereichen mit geringerer Strömungsgeschwindigkeit aufhalten. Außerdem verstecken sich die Erwachsenen tagsüber unter Steinen und werden erst mit dem Einsetzen der Dämmerung aktiv, während die jüngeren auch am Tag mobil sind.

Zur Laichzeit bilden die Männchen am Kopf und Vorderkörper grießähnlichen Laichausschlag. Das Ablaichen erfolgt im seichten Wasser über einem stark überströmten Kiesbett. Die Weibchen geben ihren klebrigen Laich in mehreren Schüben ab, welcher in kleinen Klumpen an den Kieselsteinen und Pflanzen haften bleibt. Je nach Wassertemperatur dauert es anschließend bis zu einem Monat, bevor die Larven aus den Eiern schlüpfen.

Maul des Steingresslings mit Barteln

Sterlet

Acipenser ruthenus

Familie: Störe, Acipenseridae

Verbreitungsgebiet: Ursprünglich nur in den Flüssen im Einzugsgebiet der Ostsee, des Kaspischen, Schwarzen, Asowschen und Nordpolarmeeres sowie in großen Gewässern Nordrusslands. In der Donau bis nach Bayern vertreten. Durch den Menschen in mehreren Seen Mitteleuropas ausgesetzt.

Bevorzugte Biotope: Saubere, sauerstoffreiche Flüsse und Seen, in denen die Temperaturen möglichst nicht über 20 °C ansteigen. In seltenen Fällen wurde der Sterlet auch im Brackwasser nachgewiesen.

Länge in cm (Maul bis Schwanzende): 40–100, in Ausnahmefällen bis 120

Hauptnahrung: Am Gewässergrund lebende Insektenlarven, kleine Krebstiere, Schnecken, Muscheln Würmer und Fischlaich. Größere Exemplare fressen gelegentlich auch Fische.

Laichzeit/Zahl abgesetzter Eier: April–Juni, bis 150.000

Ein Sterlet-Albino

Larve

Die Vorfahren des auch als Europäischen Sterlets bezeichneten Sterlets gab es bereits vor mehr als 250 Millionen Jahren, die in der nördlichen Hemisphäre weit verbreitet waren. Seit jener Zeit haben sich diese Fische in ihrem Erscheinungsbild kaum verändert, weshalb sie nicht ganz zu Unrecht als lebende Fossilien bezeichnet werden. Die Unterseite ist weiß bis gelblich und die Oberseite hell- bis dunkelschiefergrau. Sämtliche Flossen sind weiß umrandet. Außerdem treten beim Sterlet relativ häufig albinotische Individuen (weiß gefärbte Exemplare) auf.

Typisch für den Sterlet sind sein langgestreckter Körper, der von 5 Knochenschildreihen bedeckt wird, die spitz auslaufende Schnauze mit den 4 ausgefransten Barteln und die haiähnliche Schwanzflosse. An der Schnauze befinden sich Rezeptoren, mit denen Sterlets kleinste Temperaturschwankungen wahrnehmen und Beutetiere orten können.

Sterlets führen eine stark bodenorientierte Lebensweise. In Europa ist dieser Fisch der einzige Vertreter aus der Familie der Störe, der nie ins Meer wandert. Um die Anzahl der in Feinschmeckerkreisen sehr geschätzten Eier (Kaviar) zu erhöhen, begann man in der ehemaligen sowjetischen Binnenfischereiwirtschaft männliche Sterlets mit weiblichen Hausen, *Huso huso*, (die bis 7,5 Millionen Eier legen) zu kreuzen. Diese Hybriden wurden als Bester (*Be* von dem russischen Beluga und *ster* von Sterlet) bezeichnet.

Sterlets können bis zu 30 Jahre alt werden, wobei sie ziemlich langsam wachsen. Männliche Exemplare erreichen die Geschlechtsreife frühestens nach 4–5 Jahren, die Weibchen nach 6–7 Jahren. Falls die Flüsse zur Laichzeit Hochwasser führen, wandern die Sterlets zumeist zu deren Oberläufen, um dort zu laichen. Dagegen wird bei Niedrigwasser in den angestammten Nahrungsgründen gelaicht. Die Laichabgabe erfolgt über kiesigem Untergrund an Stellen, wo das Wasser mindestens eine Fließgeschwindigkeit von 1,5 m pro Sekunde aufweist. Dadurch ist ein ständiges Umspülen des Laichs mit frischem, sauerstoffreichem Wasser gewährleistet. Bei einer Wassertemperatur von 13–14 °C vergehen 4 Tage, bis die Larven schlüpfen.

Die folgenden 7–10 Tage verbringen sie in ruhigen Flachwasserbereichen, in welche sie nach dem Schlupf von der Strömung getragen werden. Nach etwa einer Woche beginnen die Larven Zooplankton zu fressen.

Streber

Zingel streber

Familie: Echte Barsche, Percidae

Verbreitungsgebiet: In der Donau sowie der (südosteuropäischen) Vardar samt deren Nebenflüssen und im rumänischen Südbanat. Die Streber in dem Vardar werden zumeist als Unterarten des „Donaustrebers" angesehen und wissenschaftlich als *Zingel streber balcanicus* beziehungsweise *Zingel streber nerensis* bezeichnet.

Bevorzugte Biotope: Schnell fließende, saubere Gewässerbereiche, mit hohem Sauerstoffgehalt im Wasser sowie sandig-kiesigem Untergrund.

Länge in cm (Maul bis Schwanzende): 12–15, maximal bis 22

Hauptnahrung: Kleinkrebse, Würmer, Insektenlarven, junge Fische und Fischlaich

Laichzeit/Zahl abgesetzter Eier: März–Mai, 600–4.000

Der Streber wird auch als Ströber, Strichzagei, Zint, Spindelfisch, Reppfäsch, Pfeiferl und Streukatze bezeichnet. Des Öfteren kommt es zu Verwechslungen mit einem seiner nächsten Verwandten, dem Zingel, *Zingel zingel*. Letztgenannter ist jedoch nicht nur größer, sondern besitzt auch einen unregelmäßig gefleckten Körper, während der Rücken des Strebers von fünf gut erkennbaren dunklen sowie vier hellen Querbändern überzogen wird, die gegeneinander sehr scharf angrenzt sind. Die Schwimmblase ist komplett zurückgebildet, weshalb sich dieser Kleinbarsch kaum im Freiwasser aufhält, sondern eine stark bodenorientierte Lebensweise führt. Dabei bewegt er sich häufig mit ruckartigen Bewegungen fort, die ein wenig an kleine Sprünge erinnern. Ähnlich wie Chamäleons sind Streber in der Lage, ihre Augen unabhängig voneinander in verschiedene Richtungen zu bewegen. Außerdem können sie ihren Kopf seitlich etwas abwinkeln. Des Weiteren sind die Streber mit den für die Vertreter der Gattung Zingel typischen Dornen ausgestattet, von denen sich jeweils einer auf den Kiemendeckeln befindet.

Streber leben in kleinen Gruppen zusammen, in denen weitgehend gleichaltrige beziehungsweise nur erwachsene Individuen integriert sind. Sie „stehen“ häufig mit dem Kopf voran in der Strömung. Um dabei Kräfte zu sparen, bilden diese Fische mit ihren Bauch- und Brustflossen eine Art „Saugnapf“. Mit diesem erzeugen die Streber einen Unterdruck, sodass sie sich problemlos an einer Unterlage, zumeist einem Stein, ansaugen können. Tagsüber halten sich die Streber normalerweise an etwas tieferen Stellen auf und sind gewöhnlich weniger aktiv als in der Dunkelheit. Trotzdem wird auch am Tag Nahrung aufgenommen. Nachts sind die Streber aber deutlich mobiler und begeben sich zur Nahrungssuche auch in flachere Gewässerbereiche.

Zur Laichzeit nehmen die Streber eine messingartige Färbung an.

Die Eiablage erfolgt nachts, auf überströmten Kiesbänken, die sich in Flachwasserbereichen befinden. Die sehr klebrigen, 2 mm Durchmesser aufweisenden Eier werden dabei durch heftigen Flossenwirbel mit dem Schwanzstiel durch beide Partner in das feinkiesige Laichsubstrat abgegraben.

Streber in Laichfärbung

Bei einer durchschnittlichen Wassertemperatur von etwa 8 °C vergehen anschließend drei bis dreieinhalb Wochen, bevor die Larven schlüpfen. Diese lassen sich alsbald in etwas strömungsberuhigtere Gewässerabschnitte treiben, um in den folgenden Wochen dort Zooplankton zu jagen.

Streber-Paar beim Laichen

Larve

Strömer

Telestes souffia

Familie: Weißfische, Leuciscidae

Verbreitungsgebiet: von Frankreich, im Einzugsbereich der Rhone, über die obere Rheinregion, die Alpen, das Einzugsgebiet der Donau und die Anrainerstaaten der Adria bis zu den Karpaten (teilweise in isolierten, inselartig verteilten Populationen lebend)

Bevorzugte Biotope: Kühlere, saubere Fließgewässer, in denen eine sehr hohe Sauerstoffsättigung vorhanden ist.

Länge in cm (Maul bis Schwanzende): 10–18, im Extremfall bis 25

Hauptnahrung: Insektenlarven, Würmer, Kleinkrebse, Zooplankton, und tierischer Anflug. Außerdem ist der Strömer in der Lage, dicht über dem Wasser fliegende Insekten mit einem gezielten Sprung zu erbeuten.

Laichzeit/Zahl abgesetzter Eier: April–Mai, 5.000–8.000

Strömer beim Laichen

Larve

Der Strömer wird auch als Rißling, Lauge und Grieslaugele bezeichnet. Im Unterschied zum weitgehend monoton silbrig glänzenden Hasel, *Leuciscus leuciscus*, besitzt der Strömer an seiner Flanke ein breites, schwarzviolettes Längsband, das hinter dem Auge beginnt und sich bis zur Schwanzwurzel erstreckt. Außerdem weist die Seitenlinie des Strömers eine sehr markante dunkelorange Färbung auf.

Strömer sind gesellige Fische. Während der Sommermonate bilden die Strömer zumeist kleine Verbände, die sich vorwiegend in mittleren Wassertiefen über kiesigem bis sandigem Untergrund aufhalten. Sie bevorzugen dabei Bereiche unter seitlich freigespülten Wurzeln sowie Areale, auf welche die Schatten von am Ufer stehenden Gehölzen fallen. Die sommerlichen Verbände schließen sich im Winter zu großen, manchmal Hunderte von Exemplaren umfassenden Schwärmen zusammen, um sich in Senken am Gewässergrund zurückzuziehen. Dagegen halten sich heranwachsende Exemplare während des Sommers hauptsächlich in Flachwasserbereichen auf.

Strömer werden 3 Jahre alt und erreichen nach 2 Jahren die Geschlechtsreife. Damit sie in Paarungsstimmung kommen, sind Wassertemperaturen von 10–12 °C erforderlich. Zu dieser Zeit bilden die Männchen am Kopf und auf den Kiemendeckeln nicht nur grießähnlichen Laichausschlag, sondern intensivieren auch ihre Färbung, wodurch das jetzt stark schillernde dunkle Längsband noch besser zur Geltung kommt. Um abzulaichen ziehen die Strömer zu einem Kiesbett, dass sich in einem überströmten, flachen Bereich befindet.

Bei der Auswahl dieses Kiesbettes achten die Strömer sehr darauf, dass dessen Ritzen nicht von Mulm oder anderen Partikeln verstopft sind. Während des Ablaichens sinken die Eier in die Ritzen, wo sie vor Fressfeinden besser geschützt sind. Bei einer durchschnittlichen Wassertemperatur von 18 °C dauert es knapp eine Woche, bevor die Larven schlüpfen. Diese verbergen sich zunächst weiter in dem Kiesbett, um in den folgenden 4–6 Tagen ihren Dottersackinhalt aufzuzehren. Während dieser Zeit dringen sie zum Teil bis 30 cm tief in das Kiesbett hinein.

Anschließend beginnen sie mit der aktiven Nahrungsaufnahme.

Aufgrund der Zersplitterung ihrer Heimatgewässer sowie daran durchgeführter wasserbaulicher Maßnahmen zeigen die Bestände des Strömers seit Jahren rückläufige Tendenzen, weshalb diese Art auch stark vom Aussterben bedroht ist.

Ungarischer Hundsfisch

Umbra krameri

Familie: Umbridae

Verbreitungsgebiet: Vom Donaudelta über Ungarn und die Slowakei bis Österreich. In Österreich galt der Hundsfisch zeitweilig als ausgestorben, wurde jedoch 1992 wiederentdeckt.

Bevorzugte Biotope: Kleinere, stehende und langsam fließende Gewässer, die von der Sonne durchflutet werden, üppigen Pflanzenwuchs aufweisen und einen weichen bis schlammigen Untergrund besitzen. Gelegentlich werden Sümpfe und Torfmoore besiedelt.

Länge in cm (Maul bis Schwanzende): Männchen 8–10, Weibchen 13

Hauptnahrung: Insektenlarven, Fisch- sowie junge Lurchlarven, Lurch- und Fischlaich

Laichzeit/Zahl abgesetzter Eier: Februar–April, 400–2200

Der Ungarische Hundsfisch wird auch als Europäischer Hundsfisch bezeichnet und ist der einzige ursprüngliche Vertreter der Hundsfische in Europa. Auch wenn es etwas verblüffend klingt, aber der nächste europäische Verwandte dieses kleinen Fisches (der optisch eher an eine Forelle erinnert) ist der Hecht, *Esox lucius*. Mit dem Amerikanischen Hundsfisch, *Umbra limi*, der regional durch den Menschen in Europa ausgesetzt wurde und sich gebietsweise dauerhaft etablierte, besitzt der Ungarische Hundsfisch einen „Doppelgänger". Im Unterschied zu seinem amerikanischen Vetter, dessen oberer Rückenflossenrand konvex gewölbt ist, verläuft dieser Rand beim Ungarischen Hundsfisch nahezu waagerecht.

Hundsfische verbringen viel Zeit damit, am Grund des Gewässers zu ruhen oder äußerst gemächlich durch die Unterwasserpflanzen zu streifen.

In sauerstoffarmen Gewässern erfolgt die Atmung des Ungarischen Hundsfischs nicht ausschließlich über die Kiemen, sondern er nimmt an der Wasseroberfläche zusätzlich atmosphärische Luft auf. Bei steigenden Wassertemperaturen und dem dadurch sinkenden Sauerstoffgehalt kann der Hundsfisch völlig auf seine Kiemenatmung verzichten und komplett auf Luftatmung umstellen. Dabei gelangt die Luft zunächst in die Schwimmblase, welche mit dem Darm verbunden ist, wo letztendlich die Resorption des Sauerstoffs erfolgt.

Ungarische Hundsfische erreichen die Geschlechtsreife nach zwei Jahren. Ihre Fortpflanzungsaktivitäten beginnen dann bei einer Wassertemperatur von 12 °C. Die Weibchen besetzen zu diesem Zweck Reviere, in denen sie keine weiblichen Artgenossen dulden. Im Zentrum des Reviers wird in einer selbstgegrabenen Mulde, die sich oft unter einer Wurzel befindet, ein Nest zur Aufnahme des Laichs angelegt (in seltenen Fällen findet auch ein Ankleben des Laichs an Wasserpflanzen statt). Beim Erscheinen eines Männchens findet eine kurze Balz statt, deren Höhepunkt die Kopulation ist. Dabei schmiegt sich das Männchen sehr eng an das Weibchen, um die Eier zu besamen. Anschließend übernimmt das Weibchen die Bewachung des Geleges, aus dem nach 6–10 Tagen die Larven schlüpfen.

Zu diesem Zeitpunkt erlischt auch das Interesse des Weibchens an ihrem Nachwuchs. Ähnlich wie bei Hechten ist auch unter jungen Ungarischen Hundsfischen ein starker Kannibalismus zu verzeichnen. Diese Verhaltensweise stellt vor allem in kleineren Gewässern eine natürliche Form der Bestandsregulierung dar.

Eier und Larve

Wels

Silurus glanis

Familie: Echte Welse, Siluridae

Verbreitungsgebiet: Ursprünglich von Ostfrankreich über Mittel-, Ost- und Südosteuropa und die Türkei bis Afghanistan. In Spanien und Südengland durch den Menschen ausgesetzt. Außerdem kommt der Wels gelegentlich im Brackwasser vor.

Bevorzugte Biotope: Große, warme Seen und langsam strömende Flüsse mit weichem Untergrund, wobei an die Wasserqualität verhältnismäßig geringe Ansprüche gestellt werden.

Länge in cm (Maul bis Schwanzende): Zumeist 80–150, im Extremfall bis 300. Die Männchen sind etwas größer als die Weibchen.

Hauptnahrung: Jüngere Exemplare fressen Würmer, Schnecken, Insekten, Krebse und kleine Fische. Mit zunehmender Körperlänge werden auch die erbeuteten Fische größer. Des Weiteren frisst der Wels Lurche, Wasservögel und kleine Säuger.

Laichzeit/Zahl abgesetzter Eier: Mai–Juni, 20.000–30.000 Eier pro kg Körpergewicht

Diese auch als Europäischer Wels oder Waller bezeichnete Art ist der größte Süßwasserfisch Europas. Sein Körper ist völlig schuppenlos und mit einer dicken Schleimschicht überzogen. Am Oberkiefer befinden sich zwei sehr lange Barteln, während die vier am Unterkiefer befindlichen deutlich kürzer sind. Die Rückenfärbung ist zumeist dem Lebensraum angepasst und variiert von schwärzlich blau über braun bis dunkelolivgrünlich. Die Flanken sind etwas heller und weisen eine dunkle Marmorierung auf.

Die Hauptaktivitäten des Welses, der eine überwiegend bodenorientierte Lebensweise führt, liegen in den Dämmerungs- und Nachtstunden, was jedoch nicht bedeutet, dass am Tage keiner Beute nachgestellt wird. Im Gegenteil, wenn sich dem Wels tagsüber eine günstige Möglichkeit zum Beutefang bietet, nutzt er diese. Im Winter ziehen sich die Welse in tiefere Gewässerbereiche zurück, wo sie die kalte Jahreszeit weitgehend inaktiv verbringen.

Um Laichaktivitäten bei den Welsen auszulösen, muss das Wasser mindestens 17–18 °C warm sein. Das Männchen beginnt dann vorzugsweise im 40–60 cm tiefen Wasser ein Nest zu bauen, das sich häufig unter einer Wurzel befindet. Zunächst wird der Nistplatz gereinigt, indem das Männchen den entsprechenden Bereich mit seiner Schwanzflosse sauber wedelt. Danach schleppt es als Nistmaterial weiche Pflanzenteile heran. Nähert sich ein laichwilliges Weibchen, beginnt das Männchen ein heftiges Paarungsspiel einzuleiten. Der über dem Nest stattfindende Laichausstoß erfolgt in mehreren Schüben und erstreckt sich oft über einen Zeitraum von 1,5–2 Stunden. Der Laich ist sehr klebrig und klumpig zusammengeballt.

Anschließend übernimmt das Männchen die Bewachung des Geleges und fächelt mit seiner Schwanzflosse in kurzzeitigen Abständen frisches Wasser über den Laich. In Abhängigkeit von der Wassertemperatur dauert es 2–5 Tage bis die etwa 7 mm langen Larven aus den Eiern schlüpfen. Sie heften sich an den Rand des Nestes und zehren den Inhalt ihres großen Dottersacks auf. Anschließend beginnen sie, Zooplankton zu jagen. Welse gehören zu den sehr frohwüchsigen Arten. Die Jungen können bei einer guten Nahrungsgrundlage bereits am Ende des ersten Sommers eine Länge von 40 cm erreichen.

Typisch sind die zwei langen Barteln am Oberkiefer des Welses.

Zährte

Vimba vimba

Familie: Weißfische, Leuciscidae

Verbreitungsgebiet: Teilweise voneinander isolierte Vorkommen im Nordwesten, Norden und Nordosten Deutschlands. Des Weiteren in den Ländern entlang der südlichen und östlichen Ostsee bis Südfinnland sowie (mit einem ausgesparten Korridor, der sich von der Mitte Ostdeutschlands bis nach Weißrussland erstreckt) vom Alpenvorland zum Ural und Kaspischen Meer.

Bevorzugte Biotope: Unterläufe großer, langsam strömender Flüsse, in denen sandiges bis schlammiges Bodensubstrat vorhanden ist. Gelegentlich in größeren Seen sowie im Brackwasser.

Länge in cm (Maul bis Schwanzende): 20–35 cm, in Ausnahmefällen bis 50

Hauptnahrung: Kleinkrebse, Würmer, Insektenlarven, Schnecken, Muscheln und gelegentlich weiche Pflanzenteile

Laichzeit/Zahl abgesetzter Eier: Mai–Juli, 40.000–300.000

Aufgrund ihres unterständigen Mauls mit der darüber befindlichen, schwärzlichen, nasenähnlichen Vorstülpung (die allerdings erst bei erwachsenen Individuen in vollem Umfang ausgebildet ist) wird die Zährte auch oft als Näsling, Halbfisch sowie als Blau- oder Rußnase bezeichnet.

Diese „Nasenvorstülpung" stellt zugleich ein sicheres Unterscheidungsmerkmal zu der ähnlich aussehenden Zope, *Ballerus ballerus*, sowie zum Zobel, *Ballerus sapa*, dar. Bei der Nase, *Chondrostoma nasus*, für die ebenfalls gelegentlich der Populärname „Näsling" verwendet wird, ist das oberständige Maul nicht schwärzlich gefärbt. Außerdem verläuft der hintere Rand ihrer deutlich kleineren Afterflosse nahezu geradlinig, während er bei der Zährte leicht konkav ist.

Die gesellig lebende Zährte hält sich häufig in Ufernähe auf, um dort den Untergrund nach Fressbarem zu durchsuchen. Dabei bildet sie des Öfteren gemischte Schwärme mit Brachsen, *Abramis brama*, und Güstern, *Blicca bjoerkna*.

Zährten können bis 15 Jahre alt werden. Im Alter von 3–5 Jahren stellt sich bei ihnen die Geschlechtsreife ein und ab diesem Zeitpunkt erwacht bei den Zährten zur Paarungszeit auch der Wandertrieb. Sie ziehen dann in Schwärmen flussaufwärts, um im sauberen, sauerstoffreichen, schnell fließenden Wasser über kiesigem bis steinigem Untergrund zu laichen. Während dieser Zeit verändert sich auch die Färbung des ansonsten weitgehend silbrigen Körpers. Insbesondere bei den Männchen dunkelt der Rückenbereich stark ab und ihre Kiemendeckel, der Bauch sowie die Bauchflossen nehmen eine gelborange Färbung an. Außerdem erscheint am Kopf und Vorderkörper grießähnlicher Laichausschlag.

Das Ablaichen, das mit lautem Geplätscher einher geht, findet nachts statt. Es erstreckt sich über mehrere Tage, weil der klebrige Laich in Schüben ausgestoßen wird, den die Weibchen an Steine und Wasserpflanzen heften. Je nach Wassertemperatur dauert es anschließend 3–10 Tage, bevor die Larven schlüpfen. An Steinen oder Pflanzen haftend zehren

Die „Nase" der Zährte, ein gutes Unterscheidungsmerkmal

sie zunächst ihren Dottersackvorrat auf, bevor sie später in ruhigen Wasserbereichen Zooplankton zu fressen beginnen. Der Strömung folgend, wandern die Jungen in die Unterläufe der großen Flüsse. Zuvor waren schon die ausgelaichten Zährten in ihre Hauptlebensräume zurückgewandert, weil dort ein deutlich umfangreicheres Nahrungsangebot vorhanden ist.

Zährte mit Laichausschlag

Zander

Sander lucioperca

Familie: Echte Barsche, Percidae

Verbreitungsgebiet: Ursprünglich nur östlich der Elbe bis zum Aralsee. Inzwischen auch in Mittel- und Westeuropa sowie auf dem Balkan und in Italien heimisch. In Nordskandinavien fehlt der Zander.

Bevorzugte Biotope: Wärmere, leicht getrübte große Seen und tiefe Flüsse mit hartem Untergrund und hohem Sauerstoffgehalt. Außerdem im Brackwasser der Ostsee anzutreffen.

Länge in cm (Maul bis Schwanzende): 40–70, Ausnahmeexemplare bis 120

Hauptnahrung: Kleine Fische, wie Rotauge, *Rutilus rutilus*, Laube, *Alburnus alburnus*, und Grundeln. Dabei werden auch kleine Artgenossen nicht verschmäht. Die meisten Beutefische des Zanders sind allerdings nicht länger als 10 cm.

Laichzeit/Zahl abgesetzter Eier: April–Mai, 150.000–200.000 pro kg Körpergewicht

Für kaum einen anderen einheimischen Fisch existieren derartig viele Populärnamen wie für den Zander. So wird er regional auch als Amaul, Canat, Fogasch, Hechtbarsch, Nachmaul, Sandar, Sandart, Sandbarsch, Sandel, Sander, Saumert, Schiel, Schill, Schindel, Süllő, Zahnmaul, Zan und Zannat bezeichnet.

Der Zander ist der größte Vertreter der Echten Barsche in Europa. Während junge Zander auf ihren Rücken noch gut sichtbare breite Querbänder aufweisen, sind diese bei älteren Exemplaren stark verblasst. In Rücken-, After- und Schwanzflossen befinden sich in Reihen angeordnete dunkle Punkte. Diese Punkte stellen ein sicheres Unterscheidungsmerkmal zum Flussbarsch, *Perca fluviatilis*, dar, dessen Flossen frei von jeglichen Mustern sind. Im Unterschied zu den meisten Fischen, die sogenannte Rundschuppen (Cycloidschuppen) besitzen, haben Zander (genau wie Flussbarsche) Kammschuppen (Ctenoidschuppen). Auf diesen befinden sich mehrere Reihen kammartig angeordneter winziger Zähnchen, weshalb sich das Schuppenkleid von Zandern und Flussbarschen ähnlich wie Schleifpapier anfühlt.

Zander leben in kleinen Trupps oder als Einzelgänger und halten sich bevorzugt im uferfernen Wasser auf. Dabei werden dichte Pflanzenbestände weitgehend gemieden. Die Vorliebe des Zanders für leicht getrübtes Wasser resultiert daraus, dass er sich unter derartigen Bedingungen leichter an seine Beutefische heranpirschen kann.

Zur Laichzeit schwimmen die Zander paarweise in die Nähe des Ufers. Im bis 3 m tiefen Wasser hebt das Männchen auf grobkiesigem Untergrund eine Laichgrube aus, die sich häufig zwischen Wurzeln und Totholz befindet. Dabei werden auch Schlamm und lose Pflanzenstücke sehr akkurat entfernt. Danach wird der Laich an den Kies geheftet und das Männchen übernimmt die Bewachung des Geleges.

Durch Flossenwedeln versorgt es das Gelege mit frischem Wasser. Nach einer Woche (während dieser Zeit hat das Männchen keine Nahrung aufgenommen) schlüpfen die Larven. Diese steigen zur Wasseroberfläche, wo sie ihre Schwimmblase mit Luft füllen. Kurz darauf beginnen die Larven, die in Schwärmen zusammenbleiben, Zooplankton zu fressen. Im Alter von 8–10 Wochen fangen sie an, artfremden Fischlarven und Jungfischen nachzustellen. Aufgrund dieser sehr gehaltvollen, eiweißreichen Nahrung wachsen die jungen Zander zügig und erreichen im Herbst schon Körperlängen von 6–10 cm.

Der Milchner verteidigt das Gelege

Ziege

Pelecus cultratus

Familie: Weißfische, Leuciscidae

Verbreitungsgebiet: Im Brackwasser der Ostsee, des Schwarzen, Asowschen und Kaspischen Meeres sowie des Aralsees und den angrenzenden Süßwasserbereichen. Des Weiteren im Einzugsgebiet der Donau, im Plattensee sowie in dessen Zuflüssen.

Bevorzugte Biotope: Außer im Brackwasser lebt diese Art in größeren stehenden und langsam fließenden Gewässern, die nicht zu flach sein dürfen. Dabei werden Wassertemperaturen von 10–20 °C bevorzugt. Tagsüber halten sich die Ziegen gern in Bodennähe auf. Nachts steigen sie fast immer zur Wasseroberfläche empor.

Länge in cm (Maul bis Schwanzende): 25–30, Ausnahmeexemplare auch bis 60

Hauptnahrung: Zooplankton, Insektenlarven, die sich in Bodennähe aufhalten, sowie Anflugnahrung, die nachts an der Wasseroberfläche aufgenommen wird.

Laichzeit/Zahl abgesetzter Eier: Mai–Juni, 6.000–80.000

Die Ziege, die auch als Sichling sowie regional als Ziocke, Dünnbauch, Messerfisch, Schwertfisch, Messerkarpf(en) und Säbel bezeichnet wird, lebt zumeist mit Artgenossen in Schwärmen. Ausnahmeexemplare können ein Gewicht von etwa 2 kg erreichen.

Zwei ganz charakteristische Merkmale sind die oberständige Maulspalte und die mehrfach kurvenartig verlaufende Seitenlinie.

Die Körperform und das silbrig glänzende Schuppenkleid dieser Fische erinnern ein wenig an einen Hering, *Clupea harengus*. So ist der Körper der Ziege relativ flach und die Rückenlinie verläuft gerade. Wegen dieser für einen Karpfenfisch relativ ungewöhnlichen Merkmale wird die Ziege oftmals in die Gruppe der sogenannten „Kielkarpfen" eingeordnet, von denen allerdings die meisten Arten in Ost- und Südasien verbreitet sind.

Aufgrund ihrer kräftig entwickelten Brustflossen ist die Ziege in der Lage, weit aus dem Wasser herauszuspringen. Ziegen können ein Höchstalter von 11 Jahren erreichen (wobei 9 Jahre schon ein sehr hohes Alter für diese Fische darstellen).

Im 3.–4. Lebensjahr erreichen die Ziegen die Geschlechtsreife. Das Ablaichen erfolgt im Süßwasser. Zu diesem Zweck wandern die Exemplare aus dem Brackwasser in die Unterläufe von Flüssen. Im Unterschied dazu schwimmen die in großen Seen lebenden Populationen in die ufernahen Flachwasserbereiche oder zu angrenzenden überschwemmten Wiesen beziehungsweise Weiden. Die Eier werden entweder frei im Wasser ausgestoßen oder an Wasserpflanzen geheftet. In diesem Zusammenhang konnte allerdings noch nicht eindeutig geklärt werden, ob der an Pflanzen haftende Laich gezielt daran abgelegt wurde oder nur zufällig dorthin driftete und sich in der Folge festhaftete. Als Laichplätze werden Stellen gewählt, die neben einer leichten Wasserzirkulation einen hohen Sauerstoffgehalt aufweisen, weil diese beiden Parameter die Entwicklung der Embryonen in den Eiern beschleunigen. In Abhängigkeit von der Wassertemperatur dauert es nach der Laichabgabe 3–4 Tage bevor die Larven schlüpfen. Nach 3–7 Tagen haben sie ihren Dottersackvorrat aufgezehrt und beginnen, feinstes tierisches Plankton zu fressen.

Die Maulspalte der Ziege ist ein charakteristisches Merkmal.

Zingel

Zingel zingel

Familie: Echte Barsche, Percidae

Verbreitungsgebiet: Ausschließlich im Einzugsgebiet der Donau, wobei der Zingel aus den früher noch häufig besiedelten Nebenflüssen vielerorts völlig verschwand. Deshalb ist diese Art auch vom Aussterben bedroht.

Bevorzugte Biotope: Schnell fließende Gewässerbereiche, die eine hohe Wasserqualität haben und einen sandig-kiesigen Untergrund aufweisen.

Länge in cm (Maul bis Schwanzende): 15–30, im Extremfall bis 50

Hauptnahrung: Würmer, Kleinkrebse, Insektenlarven, Fischlaich, Lurchlaich, Lurchlarven sowie kleine und junge Fische

Laichzeit/Zahl abgesetzter Eier: März–April, 7.000–8.000

Der Zingel wird regional auch als Zink, Zinne, Zinner, Zint, Spindelbarsch, Zingl, Zindel, Kolenz und Zunde bezeichnet. Zusammen mit dem Streber, Zingel streber, und dem Schrätzer, Gymnocephalus schraetser, bildet er die Gruppe der sogenannten Donaubarsche.

Der in seinem Bestand stark gefährdete Zingel besitzt einen langgestreckten, torpedoförmigen Körper, welcher im Querschnitt fast rund ist und in einen dünnen Schwanzstiel mündet. Der Kopf verjüngt sich zum Maul hin sehr stark und die Kiemendeckel sind am hinteren Rand zu einem kräftigen Dorn ausgezogen, mit dem der Zingel bei Fressfeinden teilweise recht schmerzhafte Stiche/Wunden verursachen kann.

Anhand seiner zweigeteilten Rückenflosse lässt sich der Zingel eindeutig vom Schrätzer unterscheiden, bei dem diese Flosse durchgehend verläuft und sich im hinteren Bereich etwas erhöht.

Der Zingel kann bis 15 Jahre alt werden und gehört zu den stark bodenorientierten Fischarten. Aufgrund seiner verkümmerten Schwimmblase zeigt er häufig keine typisch schwimmende, sondern eine mehr ruckartige Fortbewegungsweise. Bemerkenswerterweise können Zingel ihren Kopf nach den Seiten drehen und die Augen unabhängig voneinander bewegen. Letztere haben eine grünliche Färbung und leuchten – wie bei Katzen – im Dunkeln. Aus diesem Grund wird auch gelegentlich (etwas scherzhaft) gesagt, dass der Zingel Katzenaugen besitzt.

Die Tagstunden verbringen die Zingel meist in kleinen Gruppen, die sich zwischen/unter Steinen oder sonstigen Gegenständen verstecken. Sobald die Dämmerung einsetzt, werden sie mobil und begeben sich auf Nahrungssuche. Dabei durchwühlen sie auch häufig schlammige und sandige Bereiche, um an die unterschiedlichen Nahrungskomponenten zu gelangen. Erwachsene Exemplare erbeuten bevorzugt am Grund ruhende Kleinfische.

Die Männchen werden mit 2–3 Jahren geschlechtsreif, die Weibchen im Durchschnitt ein Jahr später. Zingel zeigen kein einheitliches Laichverhalten. Während manche Exemplare mit der Schnauze und den Flossen flache Mulden auf kiesigem, in der Strömung befindlichem Untergrund scharren, bauen andere in Algenwatten Verstecke zur Aufnahme des sehr dickschaligen Laichs. Das Ablaichen erfolgt in Gruppen, wobei die Weibchen zumeist mit mehreren Männchen kopulieren. Der Laich ist sehr klebrig und haftet gut an jenen Materialien, auf denen er abgelegt wurde.

Kopf des Zingels mit Dorn am hinteren Rand des Kiemendeckels

Zobel

Ballerus sapa

Familie: Weißfische, Leuciscidae

Verbreitungsgebiet: Das ursprüngliche Verbreitungsgebiet konzentrierte sich größtenteils auf Flüsse zwischen dem Ural und den Schwarzen sowie Asowschen Meer. Außerdem war der Zobel im Einzugsgebiet der Donau heimisch. Von dort gelangte er über den Main-Donau-Kanal in andere Flüsse, beispielsweise in den Rhein.

Bevorzugte Biotope: Fließgewässer mit steinigem Untergrund sowie große Seen. Außerdem im Brackwasser zu finden.

Länge in cm (Maul bis Schwanzende): 15–20, in Ausnahmefällen bis 35

Hauptnahrung: Insektenlarven, Würmer, Kleinkrebse, Schnecken und Muscheln. Ergänzend werden manchmal weiche Pflanzenteile aufgenommen.

Laichzeit/Zahl abgesetzter Eier: April–Mai, bis 100.000

Bei dem gelegentlich auch als Scheibpleinzen bezeichneten Zobel handelt es sich um einen stark abgeflachten, hochrückigen Fisch. Sein Maul ist verdickt und abgerundet. Die leicht unterständige Maulspalte kann zu einem Saugrüssel verlängert werden. Ein sehr markantes Merkmal stellt die Afterflosse dar, die etwa ein Drittel der Körperlänge misst. Alle Flossen können (müssen aber nicht zwangsläufig) an ihrem Ansatz eine rötliche Färbung aufweisen.

Der Zobel ist mit der Zope, *Ballerus ballerus*, nicht nur sehr eng verwandt, sondern beide Arten ähneln einander auch extrem stark. Beim Zobel ist jedoch der Unterlappen der stark eingekerbten Schwanzflosse länger als der obere, während diese bei der Zope annähernd gleichlang sind. Weitere Unterschiede bestehen darin, dass die Zope ein endständiges Maul und kleinere Schuppen besitzt.

Zobel sind gesellig lebende Schwarmfische, die sich gern in der Nähe des Gewässergrunds aufhalten. Zur Überwinterung ziehen sich die Zobel möglichst in Gruben am Gewässergrund zurück. Man unterscheidet bei ihnen weitgehend stationäre Süßwasser und anadrome Brackwasser-Populationen, welche zur Laichzeit in die Flüsse ziehen.

Zobel haben sich als sehr langsam wüchsige Fische erwiesen, bei denen die Geschlechtsreife erst im vierten Lebensjahr einsetzt. Zur Paarungszeit erscheint bei den Männchen starker, grießähnlicher Laichausschlag an Kopf, Körper und den Innenseiten der Brust- und Bauchflossen. Als Laichplätze benötigen die Zobel saubere, leicht überströmte Kiesbänke, die sich in pflanzenreichen Flussabschnitten befinden. Dort bleiben die klebrigen Eier an den Steinen sowie der Unterwasservegetation haften. In Abhängigkeit von der Wassertemperatur dauert es anschließend zumeist 8–10 Tage, bis die Larven schlüpfen. Nach dem Schlupf bleiben sie zunächst am Laichsubstrat haften, um in den folgenden Tagen ihren Dottersackinhalt aufzuzehren. Danach begeben sie sich in strömungsärmere Flachwasserbereiche, in denen üppige Wasserpflanzenbestände vorhanden sind, um dort Zooplankton zu jagen.

Zobel reagieren äußerst empfindlich auf Verunreinigungen in den Gewässern, welche in der Vergangenheit vielerorts zu erheblichen Bestandseinbrüchen führten. Hinzu kamen Umbaumaßnahmen an den Gewässern, in deren Folge sich Schlamm und Mulm auf vielen Kiesbänken ablagerten und dadurch den Zobeln geeignete Laichplätze entzogen wurden.

Zope

Ballerus ballerus

Familie: Weißfische, Leuciscidae

Verbreitungsgebiet: Flüsse im Einzugsgebiet des Kaspischen und Schwarzen Meeres sowie der Donau. Des Weiteren in jenen Flüssen der Beneluxstaaten, Deutschlands, Polens und Südfinnlands, die in die Nord- beziehungsweise Ostsee münden.

Bevorzugte Biotope: Unterläufe langsam strömender Flüsse sowie damit verbundene größere Seen, die einen hohen Nährstoffgehalt aufweisen. Außerdem im Brackwasser. Bei Hochwasser ziehen Zopen häufig auf die überschwemmten Flächen, um dort Nahrung zu suchen.

Länge in cm (Maul bis Schwanzende): 20–30, in Ausnahmefällen bis 45

Hauptnahrung: Insektenlarven, Wasserflöhe, Hüpferlinge, seltener Würmer

Laichzeit/Zahl abgesetzter Eier: April–Mai, 4.000–25.000

Es ist bemerkenswert, dass für die doch wenig bekannte Zope sehr viele Populärbezeichnungen existieren. So wird dieser Fisch regional auch als Flixe, Schwuppe, Pleinzen, Spitzpleinze, Schwabe, Zoop, Zoppe, Zuppe, Ballen, Schwopen, Swoop, Spitzer und Sporn bezeichnet. Der Rücken und die Flanken der Zope glänzen metallisch-grün bis -blau. Das enge, endständige Maul stellt eine anatomische Anpassung an die kleinen Nahrungskomponenten dar, von denen sich die Zope ernährt.

Zopen können bis zu 10 Jahre alt werden und halten sich am liebsten in der Gemeinschaft von Artgenossen auf. In Flüssen bewohnen Zopen bevorzugt die ufernahen Bereiche, während sie in Seen zumeist in der Freiwasserzone zu finden sind. Zum Überwintern ziehen sie sich im Spätherbst in Verstecke zurück, beispielsweise unter größere Totholzstücke, die sich am Gewässergrund befinden. Anschließend nehmen die Zopen bis zum Frühjahr keine Nahrung auf.

Das Wachstum geht bei den Zopen ziemlich langsam vonstatten. Die männlichen Exemplare werden nach 3, weibliche erst nach 4 Jahren geschlechtsreif. Zu diesem Zeitpunkt messen die Zopen 16–18 cm. Damit die Zopen in Paarungsstimmung kommen, muss die Wassertemperatur mindestens 10 °C betragen. Zu dieser Zeit erscheint am Kopf und Körper der Männchen Laichausschlag. Die Zopen wandern dann flussaufwärts. Als Laichplätze werden zumeist gut durchströmte Wasserpflanzenbestände ausgewählt. In diesen laichen die Zopen in Gruppen ab. Gelegentlich weichen die Zopen dazu auch auf überschwemmte Wiesen oder Weideflächen aus, welche direkt an die Flüsse grenzen. Die klebrigen Eier bleiben während des Laichaktes, der mit intensiven Paarungsspielen einhergeht, größtenteils an den Pflanzen haften. Beim Fehlen von Wasserpflanzen laichen die Zopen auch auf überströmten Kiesbänken ab. Bei einer Wassertemperatur von durchschnittlich 15 °C vergehen etwa zwölf Tage, bis die Larven schlüpfen.

Wenngleich die Zope keine Vorliebe für stärker verschmutzte Gewässer zeigt, reagiert sie diesbezüglich nicht ganz so sensibel darauf, wie der eng mit ihr verwandte Zobel, *Ballerus sapa*. Der Wellenschlag des Schiffverkehrs spült jedoch nicht nur häufig die Larven der Zope aufs Trockene in den Tod, auch führen für den Schiffsverkehr durchgeführte Gewässerausbaumaßnahmen des Öfteren zum Zusammenbruch von Zopenbeständen. Durch derartige Ausbaumaßnahmen werden vor allem die Uferbereiche oft so stark verändert, dass sie sich anschließend nicht mehr als „zopenfreundlich" erweisen.

Bachneunauge

Lampetra planeri

Familie: Petromyzontidae

Verbreitungsgebiet: Von den Britischen Inseln und Südfrankreich bis zum Ural und Mittelskandinavien. Ebenso ist das Bachneunauge in Italien, Dalmatien und Albanien beheimatet. Auf dem Balkan fehlt es nahezu gänzlich.

Bevorzugte Biotope: Klare, sauerstoffreiche Bäche und kleine Flüsse, in denen sich das Wasser auch in den Sommermonaten nicht stärker erwärmt.

Länge in cm (Maul bis Schwanzende): 10–17 cm, maximal 21

Hauptnahrung: Detritus, darunter versteht man kleine Schweb- und Sinkstoffe in den Gewässern, aus denen die Larven (Querder) abgestorbene Mikroorganismen herausfiltern.

Laichzeit/Zahl abgesetzter Eier: März–Juni, etwa 500–2.000

Im Vergleich zu vielen anderen Neunaugen-Vertretern handelt es sich beim Bachneunauge um eine sogenannte stationäre Art, die nur sehr kurze, stromaufwärts führende Wanderungen unternimmt, welche maximal ein paar Kilometer lang sind. Außerdem gehört das Bachneunauge zu jenen Arten, deren Larven keine parasitische Lebensphase durchlaufen.

Bauch- und Brustflossen fehlen. Die beiden Teile der Rückenflosse sind beim Bachneunauge miteinander verbunden. Deren hinterer Teil mündet in die Schwanzflosse, wodurch ein geschlossener Flossensaum entsteht. Das Bachneunauge besitzt an seinen Flanken keine Reihe von neun, sondern nur von sieben „Augen" (Kiemenspaltenöffnungen).

Bachneunaugen verbringen 3–6 Jahre, und damit die meiste Zeit ihres Lebens, als blinde, zahnlose, wurmähnliche Larven im feinsandigen Bodensubstrat, in welches sie sich eingraben. Anschließend ragt lediglich noch ihr Kopf aus dem Substrat heraus.

Während dieses Entwicklungsstadiums werden sie als Querder bezeichnet und verfolgen im Wesentlichen nur zwei Ziele, nämlich zu fressen und zu wachsen. Nach dieser Zeit beginnt im Spätsommer ihre Umwandlung zu erwachsenen, geschlechtsreifen Tieren. Diese Phase dauert 9–10 Monate.

Die meisten Neunaugen durchlaufen einen Lebenszyklus, der folgende Abschnitte umfasst: Ei- beziehungsweise Embryonalzeit, Larvalzeit, Verwandlungsphase, Fressperiode und Fortpflanzungszeit. Die Bachneunaugen überspringen die Fressphase. Bei ihnen werden während der Verwandlungsphase zwar die Geschlechtsorgane, Augen und Hornzähne ausgebildet, aber gleichzeitig degeneriert ihr Darmtrakt sehr schnell. Sowohl während ihrer Verwandlungsphase, der Fortpflanzungszeit und in der sich noch anschließenden kurzen Phase nach dem Laichen führen die Bachneunaugen ein vorwiegend dämmerungs- und nachtaktives Leben.

Damit Bachneunaugen in Paarungsstimmung kommen, ist eine Mindestwassertemperatur von 10–11° C erforderlich. Das Ablaichen erfolgt in Gruppen, wofür die Bachneunaugen zumeist flach überström-

Querder im Substrat

te Kiesbänke wählen. Die Weibchen deponieren ihre Eier in eine 5–10 cm tiefe Grube, welche zuvor oft von 5–12 Individuen ausgehoben wurde.

Anschließend dauert es 10–20 Tage, bis die Larven schlüpfen.

Diese begeben sich in ruhigere Gewässeranschnitte, wo sie sich ins Bodensubstrat eingraben.

Die Elterntiere sterben innerhalb weniger Wochen nach dem Laichen.

Bachneunaugen beim Laichen

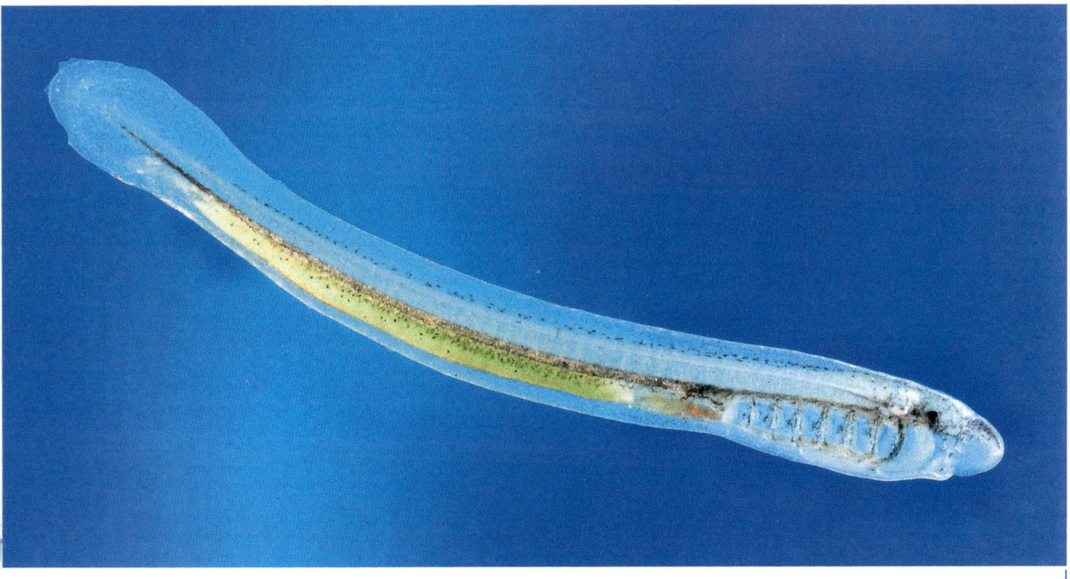

Bachneunaugen-Querder, 10 mm

Flussneunauge

Lampetra fluviatilis

Familie: Petromyzontidae

Verbreitungsgebiet: Von Portugal bis Westrussland in Flüssen, die in den Atlantik, ins westliche Mittelmeer sowie in die Ostsee münden. Auch in Großbritannien und Irland heimisch. In Nordskandinavien fehlt das Flussneunauge.

Bevorzugte Biotope: Meeresbereiche, die an größere Flüsse und deren Mündungsgebiete angrenzen

Länge in cm (Maul bis Schwanzende): 30–40, maximal bis 50. Die Männchen bleiben durchschnittlich 2–4 cm kleiner als die Weibchen.

Hauptnahrung: Als Larve Plankton und Detritus, während der Fressphase wird an Fischen schmarotzt.

Laichzeit/Zahl abgesetzter Eier: Februar–Mai, bis 40.000

Das Flussneunauge wird auch als Bricke, Pricke oder Prigge bezeichnet. Obwohl es mit dem Bachneunauge, *Lampetra planeri*, nicht nur sehr eng verwandt ist und diesem stark ähnelt, unterscheiden sich beide Arten erheblich in ihrer Lebensweise. So unternimmt das Flussneunauge regelmäßige Wanderungen zwischen dem Meer und dem Süßwasser. Außerdem sind die Zähne des Flussneunauges deutlich spitzer als die des Bachneunauges. Genau wie das Bachneunauge besitzt auch das Flussneunauge sieben Kiemenspalten, die als „Augen" bei der Entstehung des Populärnamens Pate standen. Brust- und Bauchflossen sind nicht vorhanden und die Rückenflosse ist in einen vorderen und hinteren Abschnitt unterteilt.

Im Herbst wandern die Flussneunaugen aus dem Meer in Flüsse und Bäche, wo sie überwintern. Während des Überwinterns wird keine Nahrung mehr aufgenommen, da der Darm bereits bei der Wanderung schrumpfte und seine Funktion einstellte. Allerdings werden die Flussneunaugen in dieser Zeit geschlechtsreif. Das Ablaichen erfolgt im seichten, strömenden Wasser. Damit sie die Strömung nicht wegträgt, saugen sich die Weibchen mit dem Maul an einem Gegenstand, beispielsweise einem Stein, fest, wenn sie mit ihrem Hinterende die Laichgrube ausheben. Die Paarung erfolgt tagsüber in Gruppen, die aus 10–15 Tieren bestehen, bei Wassertemperaturen von 10–11oC. Während des Laichens werden die Weibchen, die ihre Eier portionsweise zu je 500–2.000 Stück ausstoßen, von den Männchen umschlungen.

Nach wenigen Tagen bis Wochen sterben die Elterntiere, ohne noch einmal ins Meer zurückzuwandern.

2–3 Wochen nach dem Ablaichen schlüpfen die blinden, zahnlosen Larven (Querder), welche sich an Stellen mit geringer Strömung ins weiche Bodensubstrat eingraben, wo sie in den folgenden 3–5 Jahren verbleiben. Um sich zu ernähren, filtern die Querder währen dieser Zeit Plankton und Detritus aus dem Wasser. Sobald sie eine Länge von 10–15 cm erreicht haben, findet im März des betreffenden Jahres ihre Gestaltumwandlung statt, bei der sich unter anderem Augen, Zähne und der Darm bilden. Am Ende dieser Gestaltumwandlung wandern die jungen Flussneunaugen ins Meer, um fortan eine parasitische Lebensweise zu führen. Sie suchen sich Wirtsfische, wie Heringe und Dorsche, und saugen sich an diesen mit dem Maul fest. Anschließend beginnen sie, Haut- und Muskelstücke von ihren Opfern zu raspeln. Manchmal dringen sie dabei bis in deren Leibeshöhle ein, wodurch die Wirtsfische getötet werden.

Im Herbst schließt sich der Lebenszyklus, indem die Flussneunaugen zum Laichen aus dem Meer in die Flüsse und Bäche wandern.

Flussneunaugen beim Laichen

Meerneunauge

Petromyzon marinus

Familie: Petromyzontidae

Verbreitungsgebiet: Küstennahe Gewässer von Nordskandinavien über die Nord- und Ostsee bis ins westliche Mittelmeer. Außerdem an der Ostküste Nordamerikas. Seit der Wellandkanal existiert, der die Niagarafälle umgeht, auch in den Großen Seen in Nordamerika anzutreffen. Zur Laichzeit in Flüssen, die zu den vorab genannten Küsten fließen.

Bevorzugte Biotope: neben küstennahen Gewässern zur Laichzeit saubere Flüsse

Länge in cm (Maul bis Schwanzende): 60–75, maximal 120

Hauptnahrung: Als Larve Plankton und Detritus, während der Fressphase wird an Fischen schmarotzt.

Laichzeit/Zahl abgesetzter Eier: März–Juni, 200.000–250.000

Das auch als Meerpricke bezeichnete Meerneunauge hat einen aalähnlichen Körper ohne paarige Flossen. Die Ränder seines Mauls, das mit scharfen Hornzähnen bestückt ist, wirken fast wie ausgefranst. Unmittelbar über der Maulöffnung befindet sich ein größerer zweispitziger Zahn.

Unabhängig von seiner Länge lässt sich das Meerneunauge auch aufgrund der auf dem Rücken sowie an den Flanken vorhandenen Marmorierung von dem weitgehend einfarbigen (gelbbraunen) Flussneunauge, *Lampetra fluviatilis*, unterscheiden.

Zum Laichen steigen die Meerneunaugen stromaufwärts, wobei sie allerdings nicht so hoch ziehen wie die Flussneunaugen, sondern oft schon in den mittleren Bereichen der Flüsse ihre Wanderung einstellen. Abgelaicht wird an kiesigen Stellen im 40–60 cm tiefen Wasser, wobei die Wassertemperatur mindestens 15 °C betragen muss. Vor dem paarweisen Ablaichen heben die Meerneunaugen eine Laichgrube aus, die bis 1 m lang sein kann.

Nach der Paarung sterben die Elterntiere innerhalb weniger Tage oder Wochen.

Die Eier haben Durchmesser von etwa 1,5 mm. Bis zum Schlupf der Larven (Querder) dauert es ein bis zwei Wochen. Die Querder lassen sich von der Strömung in etwas beruhigtere Wasserbereiche treiben, wo sie sich in Sand- oder Schlickbänke graben. In den folgenden 6–8 Jahren wachsen sie durch die Aufnahme von Plankton und Detritus auf eine Länge von 15–20 cm heran. Dann findet vor dem Einbruch des Winters ihre Gestaltumwandlung statt, bei der Augen, Zähne, Darm und Flossen gebildet werden. Zu Beginn des Winters wandern die Meerneunaugen vorzugsweise im Schutze der Nacht flussabwärts zum Meer. Im Meer angekommen, beginnt ihre (parasitische) Fressphase. Sie heften sich mit ihrem Saugmaul an Fische, wobei sie zwar auch zu einem geringen Teil deren Haut und Muskelfleisch abraspeln, aber es vordergründig auf deren Blut und Lymphe abgesehen haben. Nach einer Verweildauer von 2–4 Jahren im Meer, wandern die Meerneunaugen zum Laichen ins Süßwasser. Zu diesem Zeitpunkt wird auch ihr Darm zurückgebildet, weshalb sie bei dieser Wanderung keine Nahrung mehr aufnehmen.

Das Einwandern des Meerneunauges in die Großen Seen Nordamerikas führte zu einer erheblichen Störung des ökologischen Gleichgewichtes, weil sich diese Tiere zu einer ernsthaften Bedrohung für die dort ansässigen Fischbestände entwickelten. Seither versucht man der Situation Herr zu werden und die Meeresneunaugen auf unterschiedliche Weise zu bekämpfen.

Marmorierung beim Meerneunauge

Meerneunauge beim Bau der Laichgrube

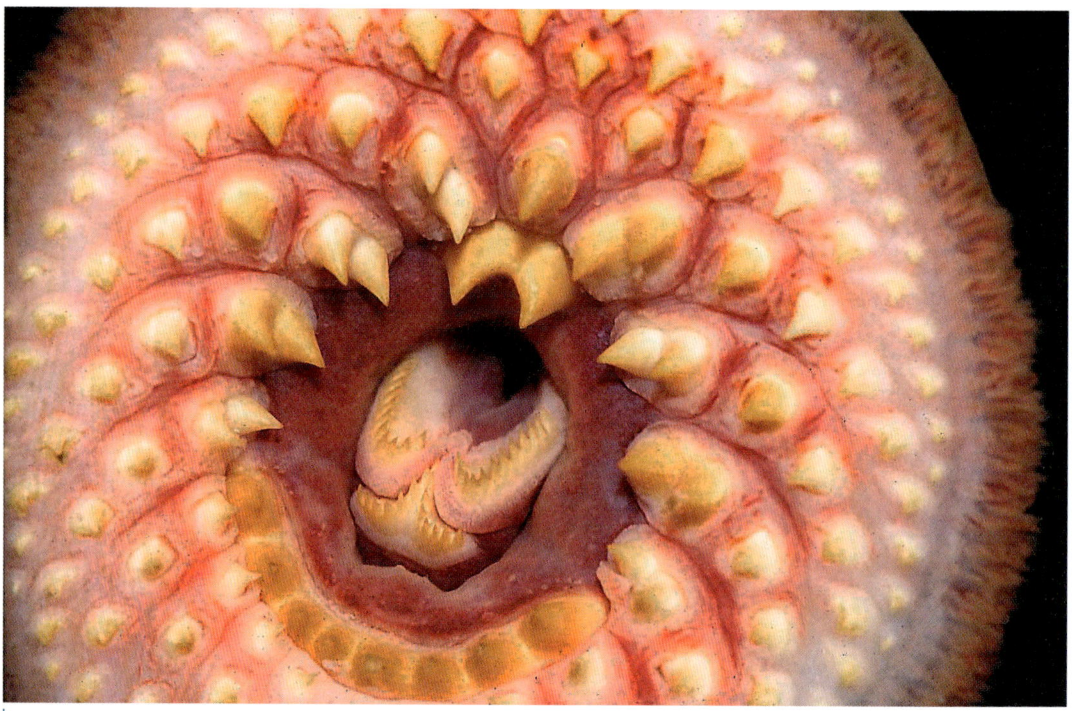

Saugmaul

Literatur

Arnold, A. (1990): Eingebürgerte Fischarten. A.-Ziemsen Verlag, Wittenberg.
Baensch, H. (2002): Gartenteichatlas. Mergus Verlag, Melle.
Bone, Q. & N.B. Marshall (1985): Biologie der Fische. Gustav Fischer Verlag, Stuttgart, New York.
Flügel, H.-J. (1986): Wegweiser durch die Natur. Fische und andere Wassertiere Mitteleuropas. Verlag Das Beste, Stuttgart, Zürich, Wien.
Gebhardt, H. & A. Ness (1997): Fische. Süßwasserfische sowie Arten der Nord- und Ostsee. BLV Verlagsgesellschaft, München, Wien, Zürich.
Gutjahr, A. (2009): Fische für den Gartenteich. Gräfe und Unzer Verlag, München.
Gutjahr, A. (2005): Gartenteichfische. Franckh Kosmos Verlag, Stuttgart.
Gutjahr, A. (2005): Knaurs Lexikon der Aquarienfische. Knaur-Verlag, München.
Gutjahr, A. (2006): Tiere im und am Gartenteich. Echinomedia Verlag, Bürgel.
Müller, H. (1983): Fische Europas. Neumann-Verlag, Leipzig-Radebeul.
Muus, B.J. & P. Dahlström (1990): Süßwasserfische. BLV Verlagsgesellschaft, München, Wien, Zürich.
Paepke, H.-J. (1983): Die Stichlinge. Ziemsen-Verlag, Wittenberg.
Zobel, H. (1982): Rationelle Nutzung von Kleinteichen. Deutscher Landwirtschaftsverlag, Berlin.
Wiesner, C., C. Wolter, W. Rabitsch & S. Nehring (2010): Gebietsfremde Fische in Deutschland und Österreich und mögliche Auswirkungen des Klimawandels. Bundesamt für Naturschutz, Bonn.

Bildnachweis

u. = unten, o. = oben, li. = links, re. = rechts

Cornelia Gutjahr 10 o., 10 u., 11 o., 11 u. li., 11 u. re., 12 o., 12 u., 13 o., 13 u., 14 o., 14 u., 15 o., 15 u., 16 o., 16 u., 17 o., 17 u., 20, 22, 33, 34, 38 u., 39 o., 39 u., 78, 82, 91, 137
Ina Müller 9

Alle weiteren Bilder wurden freundlicherweise von **Andreas Hartl** zur Verfügung gestellt.

66 Waldvogelarten kennen und verstehen lernen!

Der Wald zählt zu den wichtigsten Lebensräumen für Vögel. Nirgendwo sonst lassen sich so viele Vogelarten beobachten wie in den heimischen Laub-, Nadel- und Mischwäldern. Ob sich der Wald als Lebensraum für eine bestimmte Vogelart eignet, hängt unter anderem von der Waldgröße, der Geländebeschaffenheit, dem Klima, dem Nahrungsangebot sowie möglichen Fressfeinden ab.

Axel Gutjahr stellt in diesem Buch 66 Waldvogelarten aus Mitteleuropa vor. Kurzporträts mit brillanten Fotos informieren über typische Erkennungsmerkmale, Verbreitungsgebiete, Hauptnahrung, Brut sowie Besonderheiten der jeweiligen Vogelart.

Dieses Buch ist ein wertvoller Begleiter für Waldspaziergänge und weckt die Entdeckungsfreude für die heimische Vogelwelt.

Axel Gutjahr
Waldvögel
Lebensweise – Verhalten – Strategie
160 S., 210 farb. Abb.,
geb., 16,5 x 23 cm
ISBN 978-3-494-01820-1
Best.-Nr.: 494-01820
€ 19,95

eisstand 2021
derungen vorbehalten.

Quelle & Meyer Verlag GmbH & Co. • Industriepark 3 • 56291 Wiebelsheim
Tel.: 06766/903-140 • Fax: -320 • E-Mail: vertrieb@quelle-meyer.de
www.quelle-meyer.de

Das umfassende Bestimmungsbuch: 260 europäische Arten in Bild und Text!

Amphibien und Reptilien werden immer beliebter. Sie näher kennenzulernen, wird Ihnen mit Hilfe dieses Buches gelingen. Denn dieses neue Bestimmungsbuch stellt über 260 Arten Europas systematisch vor und geht dabei vor allem auf die Methodik bei der Bestimmung, Beobachtung und Erfassung der Arten ein. Anhand eines Schlüssels werden die bestimmungsrelevanten Details genau erklärt und die Lebensräume, in denen man die Tiere finden kann, aufgezeigt. Ein eigenes Kapitel widmet sich sogar den ‚Ausnahme-Exemplaren', die von der üblichen Färbung und Zeichnung abweichen.

Dieter Glandt/Benny Trapp
Die Amphibien & Reptilien Europas
Beobachten und Bestimmen
ca. 416 S., ca. 515 farb. Abb., geb., 14,8 x 21 cm
ISBN 978-3-494-01854-6
Best.-Nr.: 494-01854
€ 29,95

Preisstand 2021 – Änderungen vorbehalten.

Quelle & Meyer Verlag GmbH & Co. • Industriepark 3 • 56291 Wiebelsheim
Tel.: 06766/903-140 • Fax: -320 • E-Mail: vertrieb@quelle-meyer.de
www.quelle-meyer.de